做个真正厉害的人

亭后西栗◎著

台海出版社

图书在版编目（CIP）数据

做个真正厉害的人 / 亭后西栗著 . -- 北京 : 台海
出版社 , 2024.4
　　ISBN 978-7-5168-3818-1

Ⅰ ①做… Ⅱ .①亭… Ⅲ .①成功心理—通俗读物
Ⅳ .① B848.4-49

中国国家版本馆 CIP 数据核字（2024）第 061958 号

做个真正厉害的人

著　　者：亭后西栗

出 版 人：蔡　旭　　　　　　　　封面设计：仙　境
责任编辑：曹任云

出版发行：台海出版社
地　　址：北京市东城区景山东街 20 号　邮政编码：100009
电　　话：010-64041652（发行，邮购）
传　　真：010-84045799（总编室）
网　　址：www.taimeng.org.cn/thcbs/default.htm
E - m a i l：thcbs@126.com

经　　销：全国各地新华书店
印　　刷：北京兴星伟业印刷有限公司
本书如有破损、缺页、装订错误，请与本社联系调换

开　　本：710 毫米 ×960 毫米　　　1/16
字　　数：212 千字　　　　　　　　印　　张：14.5
版　　次：2024 年 4 月第 1 版　　　印　　次：2024 年 4 月第 1 次印刷
书　　号：ISBN 978-7-5168-3818-1

定　　价：59.00 元

目录
Contents

修身篇

志不立，无可成之事   **003**

做人的第一件事是立志   004

立志重在充分了解自己   006

中无所有，而夜郎自大，此最坏事   **008**

自大让人深陷井底   009

认清自己才能减少失败   010

无知者的无畏，是勇敢也是灾难   012

遇牢骚欲发之时，当反躬自省   **014**

人生不如意十常八九   015

与其抱怨，不如做更好的自己   017

优秀的人懂得用结果说话   018

行事不可任心，说话不可任口   **020**

成年人没有任性的权利   021

祸从口出，言多必失   023

人言比想象中更可怕 024

收敛是人生最大的修行 026

凡事皆贵专 **029**

专心做事才可能成功 030

凡事都要经历"专、熟、精" 032

专一是需要培养的习惯 034

谋大事者首重格局 **036**

格局注定了"天花板"的高度 037

想要走得远，眼光也要放远 038

一个人的格局里藏着气度和宽容 040

强毅之气决不可无 **043**

强毅是对勇气的加持 044

坚决与果断更容易让人信赖 045

想挑战新事物，先学会挑战自己 046

自修处渴望强，胜人处莫求强 **048**

真正的自强总是伴随着自律 049

与他人比，输赢都是错 050

明智的人往往把努力藏在暗处 052

日中则昃，月盈则亏   **054**

　最高处的风景未必最美   055

　骄傲只会成为自己的绊脚石   056

　心怀谦逊，才能做出明智的选择   058

处事篇

勿以小恶弃人大美，勿以小怨忘人大恩   **063**

　白玉有瑕才是真实   064

　意见不合，不代表水火不容   065

　明辨是非的人才懂得权衡   067

扬善于公庭，规过于私室   **069**

　人后批评体现的是尊重   070

　善于沟通的人懂得因人而异   071

　夸奖是激发动力最简单的方式   073

乱极时站得住，才是有用之学   **075**

　内心强大，方能临危不乱   076

　欲成事者，要学会自渡   077

面对纷乱，守得住原则   079

士有三不斗：毋与君子斗名，毋与小人斗利，

毋与天地斗巧   **081**

君子可交不可比   082

与小人斗，不如远离小人   083

依赖侥幸的人往往会踏入绝境   085

择交须择志趣远大者   **087**

结交对自己有帮助的人   088

交友如择爱，宁缺毋滥   090

选择朋友也是选择命运   092

抱残守缺，不求完美   **094**

不求完美才是真正的知足   095

凡事追求完美，才是烦恼的根源   097

不苛求完美的人，才真正受欢迎   098

天地之道，刚柔互用，不可偏废   **101**

适时进退才是人间至理   102

温和是底线和原则之上的修养   104

深谙世故的人懂得两手准备，灵活协调　　106

物来顺应，未来不迎，当时不杂，既过不恋　　**108**

保持"静气"是成事的关键　　109

瞻前顾后是人性的弱点　　110

心无旁骛是成功的铺路石　　112

将目标化为行动，才是成功之道　　114

职场篇

凡事必须亲身入局，才能有改变的希望　　**119**

有些改变只能靠自己　　120

一己之力虽小，却能影响大局　　121

律人的第一秘诀是律己　　123

天下之至拙，能胜天下之至巧　　**125**

一定之规能胜千条妙计　　126

踏实做事胜过一切机巧　　128

谦逊远比聪明重要　　129

用功不求太猛，但求有恒   **132**

    做事有始有终是成年人的责任   133

    半途而废最伤人志气   134

    不积跬步，还谈什么远方   137

恪守名分，不越雷池半步   **139**

    人贵有自知之明   140

    学会和诱惑保持安全距离   141

    有些名分不争才是智慧   143

若遇棘手之际，请从"耐烦"二字痛下工夫   **146**

    "面缓"是一个人的修养   147

    人与人的差别，在一个"耐"字   149

    烦是本能，耐烦才是本事   151

有福不可享尽，有势不可使尽   **153**

    凡事学会留有余地   154

    再强的弩也有到不了的远方   155

    藏住锋芒才可明哲保身   157

"以迂为直"更容易成功   **159**

    最长的路不是弯路，而是捷径   160

迂回而行，才能游刃有余   162

心怀一"敬"，赢得上进空间   **164**

敬是一种为人的态度   165

放低自己，才有提升的空间   167

人少敬则不重，不重则不威   169

治家篇

孝而不愚乃德之本   **173**

孝是家庭安定的保障   174

事有黑白，孝分愚智   176

和睦的根源是爱   178

勤为兴家第一要义   **181**

勤奋创造更多时间   182

懒散的人禁不住诱惑   184

勤奋是种自律，要对自己负责   186

居家之道，惟崇俭可以长久   **189**

乐道者往往安贫   190

用减法守住本心 192

真正的俭，是懂得收敛 194

半耕半读，慎无存半点官气 197

妄自清高是读书人的大忌 198

"富不过三代"绝非虚言 199

君子务本，智者务实 201

人之气质，本难改变，惟读书则可变化气质 203

读书的人烦恼更少 204

读书的目的决定未来 206

与众不同的"笨人"读书法 208

给孩子留财，不如教孩子谋财 211

授之以鱼，不如授之以渔 212

父母最深的爱是放手 214

子女联姻，以品德为上 217

品德是一个人的"底色" 218

为求良媒不怕选 219

过而不改是最大的恶 220

修

身

篇

志不立，无可成之事

　　人生由立志开始，志不立，天下无可成之事，

若能立志，圣贤豪杰，无事不可为。

　　人的一生是从立志开始的，若不立志，任何事

都不能做成。将相无种，古来圣贤与豪杰皆在刻苦

中矢志不渝，最终有所成就。人有志，一切皆有可能。

做人的第一件事是立志

志向是很玄妙的东西，它并不是真实存在的事物，却能给人带来无限的内驱力，转化为行动力，一路向前。

无论哪个时代，一个人有所成就都始于立志。

孔子说自己"十有五而志于学"。他从15岁说起，到而立之年，再到不惑之年，一直说到70岁，却没有提到15岁之前的事。因为在孔子看来，没有志向的那些年不值一提。

一个人没有志向，就像没有目的地的航船，纵然船上燃料充足，有精密的仪器和精确的航海图，也只能随波逐流，徒耗时间。

因此，有人将志向比作灯塔，那是航行的方向，更是漆黑夜色中的指引。

曾国藩在给长子曾纪泽的信中曾写道："人之气质由于天生，本难改变，欲求变之之法，总须先立坚卓之志。"

江山易改，本性难移，一个人想真正有所改变，必先立下坚定、卓远的志向。

他还以自身经验举例说明。30岁之前，曾国藩屡次科举落第，心情烦闷开始吸烟，后来竟养成习惯，嗜烟如命。道光二十二年（公元1842年）十一月二十一日，他立下戒烟志向，从那天起再没有吸过一次。46岁那年，他觉得自己之前做事不能有恒，让很多事以失败告终，于是又立下有恒的志向，逐渐变得做事有始有终。

最终，曾国藩得出一个结论，即"无事不可变"，使人脱胎换骨的，不是道家金丹，而是坚定卓远的志向。"古称金丹换骨，余谓立志即丹也。"

同时他还不忘强调："少年不可怕丑，须有狂者进取之趣。"人在年轻时，不要害怕出错，应当有远大的志向，毕竟年少轻狂、风华正茂的岁月，才最适合高歌进取。

志向是可以使人振奋的精神力，一个人立下志向，一切行动就都有了意义。

小孩子喜欢在夏夜抓萤火虫玩，东晋车胤也抓萤火虫，用口袋装起来，却是为了代替油灯来照明读书；小孩子喜欢在沙土上写写画画，北宋欧阳修也在沙土上画，却是因为跟母亲学习识字练字。

明明是同样的行为，背后却有不同的意义，区别完全在一个"志"字。

曾国藩的一生堪称中国士大夫的完美模板。

30多岁的曾国藩官拜内阁学士、礼部侍郎，成为二品大员；40岁后支撑危局，平定太平天国运动，被称晚清第一功臣。有人用对联将他的一生总结为"立德立功立言三不朽，为师为将为相一完人"。

他被誉为"千古第一完人"，但曾国藩自己知道，自己是个"笨人"，读书笨、背书慢，数次科举才勉强及第。年轻时抽烟、懒惰，脾气暴躁，又喜欢与人争论。直到30岁后入京为官，结识更多有识之士，见识更高深的学问，曾国藩才痛下决心，从戒烟开始，立下一个个人生志向。

比如不为钱财为官，不为功名读书，保持廉洁奉公，坚持勤奋节俭，这些高远的志向，坚定不移地贯彻下来，最终让他脱胎换骨。

有人认为，人受环境影响更大，曾国藩是入京为官后遇见良师益友，才得以提升的，就像孟母三迁，也是为了给孟子提供一个更好的读书环境。但是他们忘了，孟母不止择邻，还曾"断机杼"。纵然孟子生活在良好的读书环境里，尚未立志于学的他还是出现了厌学情绪，为了教育孟子，孟母用割断布匹的方式教育他读书有恒，而孟子也因此痛改前非，立志向学。

人是自己观念的产物，孔子曾说："我欲仁，斯仁至矣。"曾国藩则说："志向不定，则心神不宁；志向既定，则鬼服神钦。"

只要心中有志于此，自然排除万难也能做到。不必归咎于环境，更不必推卸给旁人。

没有志向的人，就是将他放在历代先贤的身边，也不会见贤思齐。曾国藩说："人苟能自立志，则圣贤豪杰何事不可为？何必借助于人？……若自己不立志，则虽日与尧舜禹汤同住，亦彼是彼，我自我矣，何与于我哉？"

为人立志，是上进的第一步，但燕雀之志与鸿鹄之志又截然不同。因此，只有志存高远，才能抵达更美好的远方。

人生最大的悲剧，不是没有取得成功，而是根本不清楚自己想得到什么，想成就什么。

没有志趣，就不会有目标，学习再多方法，掌握再多技巧，也没有用武之地。

立志重在充分了解自己

俗话说，有志之人立长志，无志之人常立志。

曾国藩在带兵用人时，衡量的标准就是志趣："凡人才高下，视其志趣。"

一个人最终能发挥多大潜力，成就多大功绩，往往由志趣决定。平庸的人大多安于现状，甚至媚于流俗，无法忽视他人目光，更无法突破自己，格局不够，成就自然不高。

能成大事者，志向也更远大。志向不同，一个人最终能达到的程度也不同。

卓远大志固然有助于人的成长，但志向越高远，完成时需要的毅力也越大。当一个人对自己不够了解时，往往会立下无法完成的大志向。

人在立志之前，应当了解自己，不仅知道自己想要得到什么，更应该清楚自己的能力，这样才能设立真正适合自己，同时也能完成的志向。否则只会人云亦云，将别人的志向当作自己的，迷失前进的方向，奔忙一气终无所成。

但是，一个人想真正了解自己，并不容易。

曾国藩入京后结识了理学大师唐鉴，并向他请教如何做到自律自省，时刻对自己严格要求。唐鉴建议曾国藩写日记，曾国藩在家信中提到此事，说听闻"镜海先生每夜必记'日省录'数条，虽造次颠沛，亦不闲一天，甚欲学之"。

日记不是流水账，而是为了反省，哪怕是在奔波途中，也要随手记下。在唐鉴的建议下，曾国藩又学习了倭仁的日记之法："每日有日课册。一日之中，一念之差、一事之失、一言一默，皆笔之于书。书皆楷字，三月则订一本。自乙未年起，今三十本矣。"

从早上醒来到晚上入睡，倭仁将一切都记下来，尤其是心中不为人知的私欲和外出时行为举止不够检点的地方，通过记录细节，体察和修正自己，以免一个小的习惯影响到自我提升。写的时候，还特别用楷书，一笔一画，既是认真，也是庄重。

于是，道光二十二年（公元1842年）十月一日，曾国藩也开始写日记。

凭借自己写的日记，曾国藩整理出心态的细微变化，通过比照，意识到自己常常忧心忡忡，若有所失，是因为自己立下的志向不够坚定。

"盖志不能立时易放倒，故心无定向。无定向则不能静，不静则不能安，其根只是在志之不立耳。"

一个人立志之后，如果很容易就放弃，或是替换，常立常弃，便会生出挫败感，对自己的能力也产生怀疑。再加上没有一以贯之的长远志向，内心没有方向，自然迷茫彷徨，不能安心用功。

曾国藩每日自我反省、自我剖析，针对自己的缺点立下改正的志向，借鉴身边师友和书中前贤的经验和观点，确立长远的奋斗方向和人生准则。

从了解自己出发，立下的志向才真实可行，因为了解了自己的能力，立下的志向才更容易坚持，而日积月累，循序渐进，最终才能脱胎换骨。

中无所有，而夜郎自大，此最坏事

中无所有，而夜郎自大，此最坏事。

人要有所进步，首先要去掉骄傲的习气。腹中空空

却又夜郎自大，这是最坏的情况。

自大让人深陷井底

走在路上，头仰得太高容易被绊倒；做事情时，太过自信容易出现纰漏。

一个人若想提高自身修养，必须戒除自大心理，不然就如井底之蛙，只能看到头顶的一小片天空，若满足于此，一生只能困在井底。

曾国藩入京做官的最初几年，也像大部分人一样有着骄傲的缺点。

"高己卑人""凡事见得自己是而他人不是"，即遇到事情总认为自己是对的，错处一定在别人，待人接物时也不够周到，和朋友大吵过两次，甚至到了"肆口漫骂"的地步。结果，几个好友都不约而同地指出他过于傲慢和自以为是，听不进去那些不同的意见。

仕途初期的曾国藩就像古代的夜郎国国王，明明国土面积只有大汉一个县城大小，却狂妄自大，问使者汉朝与夜郎哪个更大，这样的自大，令旁人冷笑，也令亲友担忧。

但是后来，随着阅历的增长，曾国藩意识到骄傲的害处，时刻谨记凡事切勿骄傲，尤其在家信中更是反复告诫弟弟和晚辈子侄。

"吾家子弟满腔骄傲之气，开口便道人短长，笑人鄙陋，均非好气象。"

在曾国藩看来，骄傲自满不只是取得成绩之后的炫耀，还包括议论他人是非长短、讥笑他人缺点、揭发过错等等。

庄子在《逍遥游》中塑造了许多自以为是的角色，讥笑鹏鸟的蝉和斑鸠便是代表。与此相对，他还塑造了不少见识过世界的广袤后变得谦虚的角色，如"望洋兴叹"的河伯。

秋季洪水上涨、众多河流注入黄河，看着宽阔的河面，河伯得意扬扬，认为自己已经收集了天下一切美好之物，直到他顺流向东到了入海口，看到了一望无际的大海，得意的神情顿时荡然无存，只叹息自己见识不足，险些贻笑大方。

河川终入海，海在天地间，星球翱翔寰宇中，万事万物都很渺小，人的自满自负因此也显得可笑。

在曾国藩的书信中，"骄""傲"与"惰"是分不开的，他认为自大的人注定会放慢脚步，停滞不前，以为眼下就是最风光辉煌的时刻。因为对现状很满意，导致故步自封，根本无法突破现状，也放弃了前进的可能。

有的人确实有自己的高明之处，但人无完人，取他人之长补己之短，低调谦逊与人合作才是正确的处事方法。如果稍有成就便内心膨胀，产生优越感，最终只会被人疏远。

无论多么耀目的成绩，多么伟大的功劳，在不断发展的世界里，都只是一瞬的光彩。如果因此自满自负，这份短暂的荣耀就成了一口陷阱，稍不注意就会让人深陷其中，只能欣赏头顶上同一片天空，反复感叹自己有多么"出色"。等到有一天看腻了这片天，爬出井底，发现世界早已变换，被抛下的只有你自己。

认清自己才能减少失败

人贵有自知之明。

有自知之明的人，待人接物更懂谦逊。有自知之明的人，知道自己能做什么，不能做什么。

一个人若能了解自己的不足，人生中遭遇失败的概率就会小一些。若是无法认清自己，不仅会处处碰壁，还会生出很多怨气。

曾国藩在给弟弟的信中，就描述了这样一群人。

他身边的朋友中有些颇有才华，却恃才傲物，认为别人都不如自己。无论乡试，还是会试，他们都嘲笑别人文章言语不通，如果自己没考中，就会骂主考官，骂学院，总之一切都是别人的错。但是，公平地说，他们写出的文章也没有多么精彩，有些甚至很差，但他们从不要求自己，只会一味地指责别人，包括考官，也包括同期比他们先考取功名的人。

对这样的人你是不是很熟悉？你身边是不是也有？

工作上自己能力不足出了问题，却把责任推给一个组的同事；同期入职的人晋升了，不去反思自己有什么不足，而是怀疑别人非正当竞争，或是质疑上级眼光；等等。

这个世界上总有一些人，明明自己的能力很普通，却又很自信，因为无法认清自己，而反复体验挫败感。曾国藩这样评价他们："傲气既长，终不进功，所以潦倒一生而无寸进也。"

人若有了傲气，便不会再有进步，失意潦倒也正常，一生难有转机更正常。学习知识如此，做事如此，人生一切皆如此。

有些人其实很有能力，在普通人看来，他们似乎有资格自大。可是，就像曾国藩不断提醒自己和亲友的那样，为人处世应当时刻谨言慎行，不然还是会招致祸端。

一个人一旦开始自满，就无法认清现状，无论是对自己的能力还是对所处的境地，都容易做出错误的评估，最终陷入失败的窘境。

逆境通常能使人奋发，反而是身处顺境时更应该注意，要保持头脑清醒，远离自负，时刻保持自知。

无论是学业还是事业，无论是日常生活还是人生大业，像戒除自大这种修炼内心的道理，放在哪里都适用而且有效。

若你的人生处境强盛如大汉朝，要谨记小心驶得万年船；若你尚有不足像夜郎国，至少要明白自己力所不逮，认清人外有人，天外有天，不要盲目自大地做出以卵击石的狂妄决定。

毕竟，认清自己才是减少失败的第一步。

无知者的无畏，是勇敢也是灾难

进化论的奠基者达尔文曾指出："无知比知识更容易让人产生自信"。写下《西方哲学史》等著作的英国哲学家伯特兰·罗素这样说："世界的问题在于愚蠢的人过于自信而聪明的人满腹疑惑。"

这个世界上，无知的人总是更容易自信满满，因为他们知道得太少了。

无知者无畏，有时可以理解为褒义，用来指一个人因为不了解权威，不知道畏惧敢做敢闯反而获得了突破。只是大多数时候，无知者的无畏都不是什么优点，曾国藩在给弟弟的信中所写的，"中无所有，而夜郎自大，此最坏事"，正是这个意思。

在《论语》中，孔子说："君子有三畏：畏天命，畏大人，畏圣人之言。小人不知天命而不畏也，狎大人，侮圣人之言。"君子敬畏天命，敬畏地位尊贵的人，敬畏圣人的话语，小人因为不知道这些，所以什么都不敬畏。

就像新手司机往往开了一阵子车后，就以为自己成了老司机，开得又快又猛，但随着时间的推移，他们会遇见更多复杂的路况，到了此时他们才知道自己的不足从而会放缓速度，慢慢积累知识和技巧，最终成为真正的老司机。

无论是因为自满，还是因为无知，一个人只要看不到自己的不足，就无法继续前进。

曾国藩本家第三房有一位十四叔，读书很勤奋，但因为傲气太重又自满自足，一生一事无成。这位十四叔被曾国藩当作反面教材写在家信中告诫弟弟。

在京城中做官，曾国藩见多了自负的人，还有自诩名士的高傲之人，他们视功名为粪土，作诗考据非常张扬。在曾国藩看来，换作有见识的人看到他们，只会冷笑一下。

因此他说："吾人用功，力除傲气，力戒自满，毋为人所冷笑，乃有进步也。"

曾国藩还提出，"好谈己长只是浅"，总是喜欢炫耀自己长处的人，多半也是因为无知。

因为无知，有一点长处就以为很了不起，这样的盲目自信往往会铸成大错，就像不知道火苗滚烫的人容易被火烧伤，不知道水能阻隔空气的人容易溺亡，无知者的无畏，看似是勇敢，在很多时候其实是灾难。

赵括是战国时赵国名将赵奢之子，从小熟读兵法，能与父亲谈论用兵之事，赵奢不喜反忧，因为战争是国家大事，赵括却把它说得轻描淡写。在赵奢看来，儿子不懂战争的残酷，也不理解战争可能引发的死伤结果，出兵必败。

后来，秦赵在长平大战，双方兵力超过百万。赵军由廉颇率领，与秦军僵持不下。秦国用计欺骗赵王撤下廉颇，换上赵括为将。赵括没有任何实战经验，照搬兵法，大意轻敌，很快落入秦军的包围，赵括战死，数十万赵军俘虏被秦军活埋。赵国也在此后日渐衰落，最终被秦国吞并。

面对战争，赵括因为无知而无畏，不仅丢掉了自己性命，还拖累了三军将士，大大损耗了赵国的国力。他的"勇敢"对下属和国家来说，无异于巨大的灾难。

因为自满，过分高估自己的能力，因为自负，无法认清当下的形势，因为无知，以为自己就是某个领域的"天花板"，往小处说会限制一个人的发展和进步，往大处说可能国破家亡。所以无论于己于人，果真如曾国藩所说，是天下最坏的事了。

遇牢骚欲发之时，当反躬自省

　　凡遇牢骚欲发之时，则反躬自思：吾果有何不足而蓄此不平之气？猛然内省，决然去之。

　　每当有想发牢骚的时候，应当自我反省，思考自己有哪些不足，才积累了这些不平之气。对抱怨之心要警惕，更要果断地舍弃它。

人生不如意十常八九

世间万物，得失有序，起落无常，没有谁的人生能一直顺心如意，就像辛弃疾词中写的那样："叹人生、不如意事，十常八九。"

遇到不如意的事，人很容易产生抱怨。

有些人认为，抱怨与否是一种习惯，但不抱怨其实是一种修养。

曾国藩的修身之道，其中很重要的一条就是戒除牢骚和抱怨。

咸丰元年（公元1851），为了庆祝皇帝登基，增开了科举考试。曾国藩的六弟和九弟参加乡试落榜，其中，九弟因为生病落下了功课，在考场上又眼疾发作，九弟对这个结果很坦然，但六弟心高气傲，自觉无颜见父母，牢骚和抱怨随之而来。

曾国藩得知此事，专门写信劝导弟弟们，先是安慰他们如今正当盛年，就算晚一年考也不算迟，接着，曾国藩话锋一转说到六弟，说他虽然天分高，但性情懒散，牢骚太多，落榜后自暴自弃，将责任全推给命运捉弄，这是不对的。

在古代官场中，觉得自己怀才不遇的人很多，曾国藩身边就有不少这样的朋友，他们总爱发牢骚，最终也是遍尝坎坷，一生挫折不断。

"盖无故而怨天，则天必不许，无故而尤天，则天必不许，无故而尤人，则人必不服。"无缘无故怨天尤人，天蒙冤人不服，又怎么可能如意顺遂呢？

在曾国藩看来，曾家家底殷实，不必寒门苦读，已经是读书人中最顺之境，发牢骚只会让自己的心情变差，导致事情向更坏的方向发展。

"凡遇牢骚欲发之时，则反躬自思：吾果有何不足而蓄此不平之气？猛然内省，决然去之。不惟平心谦抑，可以早得科名，亦一养此和气，可以稍减病患。"这是他给弟弟们的劝诫。想发牢骚时要是先好好反思，就能平心静气，把精力用在需要的地方。

遇到不如意的事，先反省自己是不是能力不足却想得太好，做得不够想要得到的却太多。

将责任推给外界，只会发牢骚和抱怨是弱者的体现。这些人没有勇气面对现实，不敢正视自己的不足，放弃了改变自己，以及解决问题的机会。

《荀子》中有"自知者不怨人，知命者不怨天；怨人者穷，怨天者无志"的说法。

从根本上说，抱怨的初衷就是推卸责任。天下没有免费的午餐，抱怨换不来想要的东西，反而会让自己在面对考验时越来越无力。屡试屡败，生出更多牢骚和不满。

想要改变就要付诸行动，与其抱怨不如反省自己。找到不足，努力改善，做更好的自己，让自己的努力配得上梦想，人生才能更加如意顺遂。

那些看似春风得意的人，很多都有不被人认可的经历。

明智的人不抱怨，因为他们不愿浪费才华和时间，更不愿成为一个行走的负能量炸弹，让人唯恐避之不及。

天下没有怀才不遇这件事，也许有些不够优秀的人侥幸成功，但真正优秀的人从来不会被埋没。

一个人，无论学识和能力多高都可能有无法施展的时候，与其花费时间自怨自艾，愤愤不平，觉得全世界都亏欠自己，所有人都针对自己，不如埋头去做正确的事，跳出当下的圈子和阶层，进入更适合自己的环境，找到更适合的位置。

与其抱怨，不如做更好的自己

学会不抱怨，是一个人成功的开始。

曾国藩不仅教导弟弟们不要满嘴牢骚，他自己也一直恪守着这个原则。

和弟弟们的遭遇相似，曾国藩也曾经科举落榜，而且不止一次落榜。

曾国藩年轻时连续六次与父亲一同参加科举省试，他的父亲落第十六次，在第十七次才考中秀才，而曾国藩不仅六连败，文章还被考官选出来"悬牌批责"，当作反面典型，批语是"文理欠通"，在差等文章的六个分级中是差中之差。

"悬牌批责"相当于在全省考生面前示众，是一件非常难堪的事。考官考虑到曾国藩基本功很扎实，给了他一个荣誉身份"佾生"，让他下次考试时可以免考县试和府试，直接参加省试。

这件事对曾国藩刺激很大，也被他视为自己平生的第一大挫折："余生平吃数大堑……第一次壬辰年（道光十二年）发佾生，学台悬牌，责其文理之浅。"

父亲考中秀才，全家庆贺，自己却被公示批评，曾国藩反复思考失败的原因。

他总结出的根本原因是自己太笨拙，"资质之陋，众所指视"，纵然有再远大的志向，也因为能力不足连起步都做不到。

其实，曾家人几代都不是很聪慧，这一点从曾国藩父亲十六次落第也能看出来。可是，曾国藩没有抱怨家族的遗传，而是选择了付出更多努力，来弥补不足的天资。

他将自己历年的考卷与模范试卷反复对比，发现自己的文章过于拘谨，缺乏大局贯通和整体的气势。这是因为曾国藩一直跟着父亲学习，只懂得死记硬背，文章写得四平八稳，却无法突出灵性。

但是，就算去抱怨父亲，他的文章也不会变得更好，一切还要靠自己去摸索。

第二年，曾国藩考取秀才，之后过了一年中了举人，完成让曾家扬眉吐气的"联捷"。中举三年后，他高中进士，又以出色的成绩考入翰林院，从此踏上辉煌的仕途。

研究曾国藩的人都认为，那次"悬牌批责"是曾国藩命运的转折点，但曾国藩自己的努力才是推动命运转弯的根本力量。

在自尊心受到重创的时候，他没有自暴自弃，也没有将责任推给别人，而是下定决心做出改变，也因此改变了自己的人生道路。

在追求理想的道路上，谁都难免遭遇挫折，不同的是每个人的处理方式。

很多人总在抱怨自己运气不好，缺少改变命运的机会，却不知道命运都是自己选择的。面对挫折和困境时是选择直面，接纳不足，改善缺陷，还是回避问题，推卸责任，抽身退缩……选择不同，人生不同。

因此，一旦心中有牢骚，就应该像曾国藩建议的那样，"猛然内省，决然去之"。放下牢骚与抱怨，去做更好的自己，用更多努力击败眼前的困境。

很多人在遭受意外后怨天尤人，觉得自己是世界上最凄惨可怜的人，但有更多人能从苦难中站起来，重新开始自己的生活。

每个人的生命都只有一次，时间是宝贵的，与其抱怨，不如做更好的自己。只有这样，才能离成功更近一步，离怠惰更远一分。

优秀的人懂得用结果说话

真正优秀的人从不抱怨，因为他们懂得用结果来说话。

人总会遇见自己不喜欢的事，如果不喜欢一件事，就去改变那件事；如果无法改变，就改变自己的态度。一味抱怨是最伤志气也最内耗的方式。

那些主动改变不适的人，行动都很强，能够调节不适的人，适应性都很强。

习惯抱怨的人，是不会自我优化也无法长进的人。

曾国藩不仅自己做到戒除牢骚抱怨，还开导弟弟们，也这样教导儿子。

在指导儿子纪泽读书时，他要求纪泽每天练习楷书万字，纪泽对此颇多牢骚，说就算自己一天从早到晚都坐着，一动不动也只能写8000字，每天写10000字根本做不到。

听完儿子的牢骚，曾国藩没有再多言，而是拿出下属罗伯宜抄写的一份普通奏折给他看。

罗伯宜的字迹端庄秀美，更厉害的是他每天能抄12000字，既快且好又没有涂抹。看着通篇规整的蝇头小楷，纪泽再也找不到理由抱怨了。曾国藩用不争的事实和结果，证明日写万字是可以做到的。

那些常常发牢骚的人明知牢骚于事无补，但是他们既不满意现状，又不想为此而做出改变，只能发发牢骚抒发一下心中不满，之后继续自己不求上进的生活。

谁都不希望成为一个整天只会抱怨的人，如果做不到像曾国藩说的那样时时警醒反思，还可以试试更直截了当的方法——用结果说话。

羚羊跑不过狮子就会成为狮子的食物。如果羚羊抱怨世界不公平，被它吃掉的青草又该向谁抱怨？青草连逃跑的机会都没有！对于羚羊来说，就算跑不过狮子也要比其他羚羊跑得快，生存下来才是最终目标，在这个过程中，牢骚或是抱怨都不能让它们跑得更快。

这个道理放在每个人的生活中也同样适用。任何形式的抱怨，都不可能让我们的生活变得更好，反躬自省，才是给自己成长和改变的机会。

每个人的人生只能自己负责——能改变现状的只有我们自己：做出选择的是我们自己，最终享受胜利成果的，当然也是我们自己。

行事不可任心，说话不可任口

大处着眼，小处着手；群居守口，独居守心。

这十六字也是曾国藩著名的箴言联。凡事需在大处
着眼规划，从小处入手踏实办事。和其他人在一起时戒
多言，说话不可任口，独处时，注重自律自省，保持行
事慎重。

成年人没有任性的权利

很多人都说，小时候盼着长大，长大之后才发现，成年人的世界真累。

成年人的累，在于一切都要为自己买单。年少时可以依靠父母和家庭，长大后凡事都要学着自己解决。人累，心也累。

网上常常出现类似的故事，年轻的外卖员因为一单差评掉眼泪，喝醉的销售员在地铁站号啕大哭，朋友圈里有很多关于工作不顺的抱怨……

既然工作这么辛苦，老板和客户这么讨厌，为什么不能把辞职信摔在他们桌上扬长而去？

有这种疑问的人，就像面对饥荒灾情，询问大臣，天下百姓"何不食肉糜"的晋惠帝，不懂他人疾苦。

成年人大多懂得，有些事能拒绝，而有些事不能，因为他们没有任性的权利，却有背负着责任努力走下去的义务。

年轻时的曾国藩多言健谈，乐于交际又喜欢出风头，脾气火暴，做事也很随性。从14岁参加童子试，到23岁考中秀才，之后中举人，不到30岁便高中进士入翰林，成为天子脚下众人艳羡的京官，曾国藩很是风光。

但正如他后来总结的那样，"讨人嫌离不得个骄字"，当曾国藩意识到自己的行为容易让人心生厌恶时，他第一时间想到修正和约束自己。"吾因本性倔强，渐近于愎，不知不觉做出许多不恕之事，说出许多不恕之话，至今愧耻无已。"

没有这方面经验的曾国藩，想到了效仿身边的朋友——吴廷栋对于一事一物，无论大小都追求其内在道理；倭仁更是行事严谨，将一念之差、一事之失，说出的话与片刻的思考，全都详细记录在日记里，以便自己能够随时反省。

31岁那年，曾国藩开始写日记，既是锻炼自己的恒心，更是随时反省自己的行为举止。到了十二月，他的日记已经写了两个多月，日日时时严要求多反省，但积习难改，他仍然不时犯错。十二月十一日的日记里就记载了曾国藩自认为出格的行为。

那天他早起读书，饭后出门拜访友人。到了朋友家，听说对方新纳了一名姬，很想见见，几乎到了强行的地步——"欲强之见"。

古代实行一妻多妾制，但朝廷对纳妾的数目有限制，男人不能随意纳妾但可以纳姬。姬的地位很低，有时甚至沦为贵族之间互送的礼物。

但无论地位高低，曾国藩想见朋友之姬的行为都很出格，自然也未能如愿。

冷静下来后，他在日记中批评自己"狎亵大不敬"，有违君子之德、高士之行，而就在此前几天，他还在日记里批评自己"谈次，闻色而心艳羡，真禽兽矣"。

详细的记录，严厉的自责，揭露的不仅是曾国藩年茂气盛的一面，更显露出他对自己的严格要求。

行事不可任性，举止当合乎礼节，正是通过这些自我完善，曾国藩才逐渐褪去任性，修炼成古代历史上最成功的官员。

成年人的世界没有"容易"二字，遇到难题时，谁都忍不住想放弃，想拂袖而去，大吼一声"不干了"。可是，这些看似忍不了的苦，翻不过去的障碍，往往会成为通向成功的垫脚石——虽然作为垫脚石，它很难踩上去。

成年人的辛苦，在于凡事不能任性，无论多委屈，多不甘，也只能咬紧牙关埋头向前。可是，也正是这份成熟的隐忍，让我们能成就更好的事业、更好的生活和更好的自己。

祸从口出，言多必失

一张嘴，红口白牙。古今夸赞唇齿的文辞很多，但是，很多祸端也来源于这张嘴。

祸从口出，言多语失，人与人关系中的不快，大多来源于说错话。

曾国藩年轻时多言健谈，爱出风头，喜欢交际，也喜欢对别人品头论足，还经常和别人争口舌之胜，所以时常因为"多言"而得罪人。

郑小珊与曾国藩是同乡，擅长医术，经常给曾家人把脉治病，与曾国藩交情很好。当时曾国藩初入翰林不久，志得意满，说话也很随意。一次，他与郑小珊一言不合起了争执，结果，曾国藩怒气冲天竟到了"肆口谩骂"的地步。

等到两人不欢而散，曾国藩平静下来，才意识到是自己不对。幸运的是，郑小珊并没有心怀怨恨。不久之后，曾国藩为父亲祝寿，郑小珊也来参加寿宴。曾国藩便借此机会向郑小珊认错道歉，之后又拉上朋友一起请他吃饭，"从此欢笑如初，前隙盖释矣"。

还有一次，与曾国藩同年乡试及第的曹光汉和金藻在大年初三登门拜年，吃饭后一起闲聊，结果聊到之前的一件小事，曾国藩又故态复萌，"大发忿，不可遏"，虽然有朋友劝说，仍然怒气难消。

朋友们了解曾国藩，知道他性格中有着暴烈冲动的一面，但面对这样一座时不时就会爆发的"火山"，他们更多的办法是忍。

只是常言道："忍字心头一把刀。"粗暴的语言就像刀子，一下下扎在人们心上。

经历了几次争吵，曾国藩也意识到多言的弊端，他将"多言"列为"三戒"之一，时时留意戒除多言。

不过，这对他来说并不容易，一次和好友冯卓怀一同前往陈源兖家为其母拜寿，席间因为交谈甚欢，曾国藩忘了谨言，说了一句话，"使人不能答"，弄得对方很尴尬，曾国藩意识到问题，也感到很懊悔。

孔子曰："君子欲讷于言而敏于行。"话不要说得太多太快，不然缺少深思熟虑的机会，《朱子家训》更是直言"处世戒多言，言多必失"。

在中国历史上，最著名的"多言"之人便是杨修。

据记载，杨修才思敏捷，与曹操一起看到曹娥碑背面的字谜，他马上猜出谜底，而曹操走了30里路才想到答案。除此之外，著名的还有"门上题'活'字是'阔'""'一合酥'解作'一人一口酥'""汉中如鸡肋不日收兵"等故事。

杨修过分聪慧而锐气逼人，曹操又是个疑心很重的人，很快就对杨修感到不满，再加上杨修支持曹植参与夺嫡事件，最终被曹操处死。

杨修的死有着多方面的原因，但多言一定占据着很大因素。

古希腊谚语说："聪明的人根据经验说话，而更聪明的人根据经验不说话。"在这一点上，谁更聪明，高下立见。

人言比想象中更可怕

语言是无形的，因此人们往往意识不到语言的威力。

但人言可畏，"口水淹死人"的事比比皆是，近到街坊邻里对一个人的指指点点，大到越来越受到关注的网络暴力。

女星阮玲玉曾经红极一时，但因为有小报对她的私生活妄加揣测，导致风言风语迅速扩散，舆论压力之下，阮玲玉最终不堪重负服药自尽。鲁迅有感而发写下一篇名为《论人言可畏》的文章。

"舌上有龙泉，杀人不见血。"语言能伤害他人，也很容易给自己带来不幸。这一点，年轻时多言的曾国藩深有体会。

曾国藩不仅自己注意戒多言，对家中弟弟和子女也是同样的要求。弟弟曾国华性格刚烈，行事、语言都很犀利，曾国藩为他另外取了一个字——温甫，希望他说话能温和一些。

后来曾国华战死，曾国荃追随曾国藩领兵作战，他也有着多言、冒失的缺点。曾国藩不厌其烦地提醒，甚至当面责备他。在曾国藩看来，谨言谨行"是弟终身载福之道，而吾家之幸也"。

说话谨慎，是曾国藩对自己、对家人、对弟子和下属反复告诫的要求。因为话语不仅可能伤人，更容易让别有用心的人听到，传成祸端。

曾国藩数次参加科举，见过很多读书人，他很早就意识到高傲和多言是处世"凶德"。有些人觉得自己有才华，便举止高傲，盛气凌人，说话嚣张尖刻，对人随意批评指责，这是不可取的，也是为人处世的大忌，一不留神就可能像下面这则寓言中请客做东的人一样，把人都得罪光。

有个请客做东的人眼看时间已到，还有一大半客人没来，于是，他着急地问了一句："该来的怎么还没来？"于是，有些敏感的客人觉得自己是不该来的，悄悄离开了。

见状做东的人更急，又说："怎么不该走的反而走了呢？"剩下的客人听了，觉得自己是该走的人，也跟着走了。最后只剩下一个好朋友留下来，告诫做东的人说话前应该好好考虑一下。结果，做东的人却说："我并不是叫他们走啊！"

朋友听了这话也生气道："不是叫他们走，那就是叫我走了！"于是，他也离开了。

故事里的东道主只是气走了客人，曾国藩身处的官场却复杂得多，说错一句话被人抓住把柄，不仅会丢了乌纱帽，就连脑袋也可能保不住。因此，只能谨慎再谨慎，不多说一句话。

关于多言的害处，曾国藩总结得很清楚。多言生厌，多言招祸，多言致败，更何况多言无益，话太多反而伤气伤身。

除此之外，他还表示，要说真话但不说直话，要给人留颜面："劝人不可指其过，须先美其长。人喜则语言易入，怒则语言难入，怒胜私故也。"不说是非闲话，招惹是非的人，不抱怨，不诓骗说谎，不说狂傲的话，不说伤人恶语。

看似简单的几条，实施起来却并不容易。语言无处不在，情绪时刻波动，就连下定决心做到慎言的曾国藩，也是经历了不断的努力才做到的。

有人说，语言是人的第二张名片。

为了让我们的这张名片看上去好看一些，记得开口前先想一下再说。

我要说的话得体吗？我想要表达的意思准确吗？我用的词语能显出真诚吗？

有时候，一语说漏自己真实想法很尴尬，但说者无心听者有意，却不免让人感到冤枉。

想学会慎言，最重要的是重视语言，只有重视才能谨慎对待。别忘了，正是这种看不见摸不着的存在，联系着我们彼此，传达着我们的思维和情绪，泄漏了我们内心的秘密。

收敛是人生最大的修行

孔子曰："七十而从心所欲，不逾矩。"即便是孔子这样"十五有志于学"的圣贤，也要到70岁才能真正做到克己复礼，做事不会超出规矩礼法。

经过多年对自己的严格要求，老年时期的孔子为人处世已经养成良好的习惯，因此不会做有违礼法的事，自然可以"行事任心"。

一个人如果没有这样的觉悟和修养，总是行事任心，肆意妄为，那会给自己带来灾难。

在戒多言的同时，曾国藩还悟到了收敛的意义。

在言语上收敛，说话时会给人留面子留余地，做人会更有涵养，也会更宽容平和；而在行为上收敛，做事会少露锋芒，避免莽撞，既能减少纰漏，也不会招人嫉妒怨恨。

最初这种收敛可能需要靠日记和反省来辅助，时间久了，渐渐成为一种习惯，人便能达到孔子所说的"从心所欲，不逾矩"的境界。这也是人生最大的修行。

曾国藩正是这样，在待人接物上逐渐成熟，一开始他说话做事直截了当，处处都带棱角，对官场习气大为反感，后来逐渐变得圆通豁达，能屈能伸，在官场上变得游刃有余，步步高升。

他戒掉的是少年时的方刚血气，学会的是凡事收敛，行事需三思，不可任心妄为。

当曾国藩官至中堂时，身边趋炎附势的人也越来越多，他的幕僚中有堪称"三圣七贤"的著名理学大家，曾国藩虽然仰慕这些人的名声，将他们招来，却不让他们担任具体职务。

一次，深受曾国藩欣赏的幕僚李鸿裔在曾国藩案头看到一篇文章，名为《不动心说》，是"三圣七贤"中的一个老儒写的。

这些"大儒"自命清高，骨子里却都贪慕官场浮华，对于这种言行不一的行为，李鸿裔向来不以为然。正巧《不动心说》里有这样的话："在美丽的姑娘和红蓝顶戴官帽面前，我根本不会动心。"

看到这里，李鸿裔忍不住提笔在文章后面题了几行字："二八佳人侧，红蓝大顶旁，尔心都不动，只想见中堂。"这几句话可谓嘲讽力十足——你看到什么都不动心，一心只想巴结中堂大人。

曾国藩看到题字，将李鸿裔找来当面训诫。这些"大儒"即便言行不一，甚至欺世盗名，可是，若是非要揭穿他们，让他们失去荣誉和地位，失去衣食来源，只会招来祸端。

听完曾国藩的话，李鸿裔才意识到自己的鲁莽，也明白了曾国藩的做法才是真正的明智之选。

随着时代的变化，"任性"这个词也变得火热起来，"有钱就是任性"，"漂亮就是任性"……可是，行事任性是有代价的。

历史上周幽王为求美人褒姒一笑，不惜"烽火戏诸侯"，三番两次失信于诸侯，最终烽火再招不来诸侯救驾，导致身死国灭，西周退出历史舞台，后代帝王更是一个接着一个重蹈覆辙。

皇帝行事任性会祸国殃民，普通人行事任性，危害也不小。

水深则流缓，语迟则人贵，三思而后行，才是真正的处世道理。

这个世界公平而残酷，人们惹出的祸事，最终承担责任的只能是自己，遭受损失的也是自己。一个人只有学会收敛，才是真正懂得规避风险。

凡事皆贵专

凡事皆贵专，求师不专，则受益也不入，求友不专，则博爱而不亲。心有所专宗，而博观他途，以扩其识，亦无不可，无所专宗，而见异思迁，此眩彼夺，则大不可。

无论做什么事，最重要的是要专心。因为专心，所以专业，之后才有能力触类旁通，向其他方向拓展。若是没有专长，见到什么都想尝试，顾此失彼，最终什么都做不好。

专心做事才可能成功

人的时间和精力终究是有限的，如果没有经过特殊训练，人的大脑很难在同一时段记住两种不同类型的知识，这就意味着想要一心二用是很难的事，其结果大概率是不尽如人意的。

作家格拉德威尔在《异类》这本书中提出了"一万小时定律"，指出人们眼中的那些天才，并非因为天资过人，而是凭借着持续不断的努力，经过一万个小时乃至更多时间的积累，才完成从平凡人到世界大师的蜕变的。

按照每天八小时计算，一万个小时大约需要五年时间，但后来的很多事实证明，想成为一个领域的专家，耗费一万个小时是不够的。在一个领域内达到专精已经如此困难，若想面面俱到、事事精通，几乎是不可能完成的壮举。

曾国藩是个思维并不敏捷的人，正因为知道自己不够机巧，他反而更早意识到专心的重要性。

荀子云："目不能两视而明，耳不能两听而聪。"庄子曰："用志不纷，乃凝于神。"在曾国藩看来都是治学治事的人间至理。

《曾国藩家书》中多次提到专心："凡事皆须精神贯注，心有二用，则必不能有成。""凡言兼众长者，必其一无所长者也。"即一心不能二用，那些号称自己什么都会的人，一定是一无所长的"半吊子"。

在曾国藩看来，想做好任何事都必有许多艰难波折，只有专心才"金石可穿，鬼神可格"，才可冲破重重难关。

就连带兵打仗，曾国藩也讲究一个"专"字。在写给弟弟的信中，他告诫弟弟要以军营事务为首要任务，最好不要经常看书。"凡人为一事，以专而精，以纷而散"。

古今中外关于专心的例子很多，名人之所以成为名人，专心是必不可少的。

古时有王羲之醉心练字，以至于将墨水误当酱料，吃下墨饼而毫无察觉，外国有牛顿忘我研究，将怀表误当鸡蛋扔进锅里白煮，看到客人吃剩的杯盘以为自己已经吃过饭的"糊涂"笑话。

这些人在自己热爱和专注的领域里精益求精，容不得一丝马虎和错误，却在其他事上出错，足以证明人的精力实在有限，不要妄想能做三头六臂、一心二用的超人。

"凡人做一事，便须全副精神注在此事，首尾不懈，不可见异思迁。"集中精力，一心扑在一件事上，将手中事、眼前事做好，是难得的踏实与认真，也是对自己的负责之举。

从最初的"跨界"，到后来流行的"斜杠"，无一不在催促着我们多学一些专长，多涉猎一些领域，以便拥有更多头衔，在同龄人中拥有更大的竞争力。但我们却忽略了一件事，那些"跨界"成功、"斜杠"出圈的人往往都有自己的看家本领，他们只是在一个领域达到专精后，再向其他方向扩展的——这不正是曾国藩所说的"心有所专宗，而博观他途，以扩其识"吗？

随着现代企业管理理念的传播，多线程工作也成为一个人们熟知的概念。

很多人认为，所谓多线程工作，就是在短时间内同时完成多个事项。比如一边写稿一边回复消息，一边写代码一边整理工作总结……这样做的最终结果，只会使我们的工作做得一塌糊涂。

多线程工作并不是同时做很多件事，而是同时兼顾多线程的工作任务，在具体处理时还是要做完一件再做另一件，需要的不是一心二用的兼顾，而是在专注迅速地完成一项任务后，尽快切换状态，同样专注地投入到下一项任务中去，最终考验的还是我们的专注能力。

世界如此多变，谁也无法许诺专心做事就一定能获得成功，但每个人都应该明白，不专心的人绝对无法成功，就算有一时的运气，也无法将这份成功保持下去。

专心做事，只是带领我们通往成功的铺路基石，而非开启成功之门的万能钥匙，即便如此，我们仍然"凡事皆须精神贯注"，因为不负时光，就是不负未来。

凡事都要经历"专、熟、精"

人的注意力总会被新奇的事物吸引，在我们无法控制的地方，新奇事物带来的刺激能让我们产生快感，从而不断重复被吸引、热情追求、失去兴趣的过程。

但是在修养和学识上，"喜新厌旧"的下场都不会太好。

天生聪颖又有才华的人是极少的，因此，"术业有专攻"才显得格外重要。

按曾国藩的说法，用功就像挖井，最终目的是取水，也就是获得真知灼见，与其到处挖掘，这里几米那里几米，深度全都不够，枉做无用功，不如守在一口井边一直挖到出水为止——"用功辟若掘井，与其多掘数井而皆不及泉，何若老守一井，力求及泉而用之不竭乎？"

无论是读书还是学习技艺、锻炼能力，首要的是"熟"。曾国藩推崇的学习法门就是"熟而臻于妙"，只是这需要经历一个漫长的过程。

在给儿子纪泽的信中，曾国藩教导说，如果能把前人的诗作，读到喉舌口吻都和前人相似的熟练程度，作出来的诗自然也有前人的气韵，"文入妙来无过熟"，这就像《红楼梦》中林黛玉指导香菱学诗时，要香菱多读一样，因为"熟读唐诗三百首，不会作诗也会吟"。

曾国藩一向对弟弟和子侄的书法要求很高，毕竟科举考试和做官写奏折都需要一手好字。练字也同样因专而熟，得以不断完善和提升。实际上，任何技艺和能力，都需要先通过熟练形成记忆和思维惯性，才能继续求精，有所创新和突破。

通过积累把一件事做"熟",看似是很笨很慢的办法,但只有熟才能生巧,若是连"熟"都达不到,就会像没有挖到地下水的废井,数量再多,样式再全,也没有价值。

关于专一,在曾国藩的读书习惯上体现得非常明显。

曾国藩向来以博学著称,但在书籍的选择上却并不杂乱。在家信中曾国藩提到平时读的书,除了文人必读的四书五经,最喜欢的是《史记》《汉书》《庄子》和韩愈的文章,一读就是十多年,却还是觉得不能对其中深意"熟读精考"。除此之外,他还喜欢《通鉴》《文选》等作品,加在一起不过十余种。

另外,他还提出"读书不二",一本书没有读完,绝不去读另一本,东翻西阅地读杂书,对提升学问的帮助很小。

正是深知凡事要由"专"到"熟",最后"求精",曾国藩对西方科技的态度也与当时的大部分人不同。

清代初期一直依靠冷兵器作战,直到被鸦片战争打开了封闭的国门。朝廷中一部分人抗拒西方科技,另一部分人则产生了盲目自信,曾国藩二者皆不是。

在给同僚的信中,曾国藩指出:"西洋技艺所以卓绝古今者,由其每治一事,处心积虑,不臻绝诣不止。心愈用则愈灵,技愈推则愈巧。要在专精,非其才力聪明果远过于中国。"

西方科技的精妙,不在于他们的智力高,而在于西方人在科技方面的"专精",在治学和创造方面的良好习惯。

博学固然是好的,但少了专一,只会变得事事通却事事不精,知其一却不能知其二,了解得再多也只能得知皮毛。

做事的前提,便是专注投入精力,通过不断提升熟练度增加完成度。就像射箭,无数次练习之后,熟练到就算闭着眼睛也能百发百中,才能称为"精",而"精"是远高于"会"的另一个境界,这种差别在职场上体现得尤为明显。

不曾通过"熟"达到"精"的人,涉猎再多,增加的也只是个人简历上的项目，终究没有过人之处、立身之本，也缺少真正的竞争力。

人的一生，至少要有一件事熟练、专精，无论何时何地，都有信心做出成果，掘井及泉，毫无悬念地获得外界的真正认可。

专一是需要培养的习惯

曾国藩说："凡专一业之人，必有心得，亦必有疑义。"求知正是如此，古希腊哲学家芝诺曾经说过："人的知识就好比一个圆圈，圆圈里面是已知的，圆圈外面是未知的。你知道得越多，圆圈也就越大，你不知道的也就越多。"

对一件事了解越深入，越发觉自己所知尚浅，才会更进一步钻研，反而是那些浅尝辄止的人，总以为自己已经掌握了全貌。

专一，与其说是一种品质，不如说是一种需要认真培养的习惯。

人在幼年时期很难做到精神集中，做事专注，很多人到了学生时代也是如此。观察那些成绩优异的学生，大多不是靠长时间刷题、复习提高分数，而是靠提升专注力。专注带来高效，也留出更多时间休息，让他们能够养精蓄锐，继续保持良好的状态。

如今很多人提倡"张弛有度"，一个人的精神的确不能长时间紧绷，但"弛"的前提是我们能保证在需要"张"的时候紧张起来。

俗话说"养兵千日，用兵一时"，如果平时做事随意，作风散漫，身体和精神就会习惯这种"缓慢"，一旦出现需要专注的事，根本无法调整到高强度、高效率地投入状态中。

《孟子》一书中讲述了二人学弈的故事。

奕秋是全国最有名的围棋高手，有两个年轻人都想学棋，于是一起拜奕秋为师。

当奕秋讲解围棋技艺时，其中一个人全神贯注地听着，课后自己练习钻研。因为用心，他学得很快。

另一个人虽然也坐在那里听讲，但总忍不住分神，听着外面的声响。他总觉得远远听到大雁叫声，心思也飞到外面，想象着雁群飞到眼前，自己要如何张弓搭箭，稳稳地将最大的那只射中。

两人学艺的结果可想而知，专注学习的那个人后来成为出色的棋手，总想着大雁的人则技艺平平，乏善可陈。造成这种差别的，自然不是智力高下，而是能否专一。

既然一同拜师学艺，说明两人都想认真学习棋艺，但第二个人缺乏良好习惯，不能在学艺时"两耳不闻窗外事"，保持专一，纵然也有向学诚心，最终还是事倍功半。

一个人位置越高，见识到的人就越多。曾国藩阅人无数，深知缺少专一习惯的弊端，他甚至在信中告诫几个弟弟，拜师交友也要遵从专一原则。

所谓"采他山之石以攻玉，纳百家之长以厚己"，"三人行必有我师"，大部分人理解的学习和交友，都是范围越广，收益越多，但曾国藩却认为："凡事皆贵专，求师不专，则受益也不入，求友不专，则博爱而不亲。"拜师求学不专一，学不透道理；交友不专一，无法真正心意相通、亲密无间。故做人做事，对人对事，唯有专一。

专一，说到底是一种全身心的投入，也是举手投足间的状态、为人处世时的习惯。只要学会在一段时间内，将一切力用在一处，再难的阻碍也能突破。

专一，是越来越稀缺的美德和习惯。一次只做一件事，早一天养成良好的习惯，就早一天体会真正的轻松高效。

谋大事者首重格局

古之成大事者，规模远大与综理密微，二者阙一不可。

观察古往今来能成大事的人，都有远大的规划和缜密的条理，这两种要素缺一不可。

格局注定了"天花板"的高度

俗话说："心有多大，舞台就有多大。"格局也是如此，大事难成，多半是因为心中格局太小。陈涉面对一同种地的人的嘲讽，说"燕雀安知鸿鹄之志"，庄子在《逍遥游》中刻画了无法理解大鹏眼界与志向的蝉和斑鸠，陈涉和嘲讽他的人、大鹏与无法理解它的蝉和斑鸠，所反映的，都是格局的差别。

一个人的学识和眼界，直接限制他的规划和行动，就像没见过东海的河伯，每天坐在井底的青蛙，都会认为自己一家独大。

有人说"格局决定结局"，"格"指的是时间，"局"则是时间格子内所做的事情以及结果，到哲学意义上，格指人格，局则是气度和胸怀，"格局"代表着一个人的眼界和心胸。

正因为每个人对事物的认知和看法不同、格局不同，才有了不同的选择、不同的人生。可以说，一个人的格局，注定了其发展的上限，也就是"天花板"的高度。

史书中称赞曾国藩能"持大体，规全局"，曾国藩奉行的原则是："论兵事，宜从大处分清界限，不宜从小处剖析微茫。"

不仅是兵事，看任何一件事，都要从大处分析，宏观区分，犹如观看沙盘，一旦细究微小处，反而容易忽略其他问题。行事如下围棋，胜负依靠一步步走出来，但向哪里落子，却要依靠大局观。

古人有"不谋万世者，不足谋一时，不谋全局者，不足谋一域"的说法，曾国藩在文章中写道："凡物之骤为之而遽成焉者，其器小也；物之一览而易尽者，其中无有也。"很快造好的东西，只能说明它很小；如果一眼扫过就能看全，说明其中空空，没有价值。

格局小的人，很容易安于现状，不求上进，自然也不会意识到自己的不足。

曾国藩说："知天之长而吾所历者短，则遇忧患横逆之来，当少忍以待其定。知地之大而吾所居者小，则遇荣利争夺之境，当退让以守其雌。"人一旦增长了见识，便知道自己的渺小，遇到忧患祸乱，懂得忍耐，遇到争夺名利的时候，能主动退避，永远把自己放在合适的位置上。

《礼记》中有"学然后知不足"之说，一个人的格局就像承载见识的容器，格局越大，见识越难填满。在不断前进的过程中发现自己的不足，才能慢慢抬高自己的"天花板"。

因此，并非成大事者必须从大局出发，而是只有格局够大，能从大局出发的人，才可能成为那个"成大事者"。

很多人笃信以少胜多、以小搏大，四两能拨千斤，但真正做大事的人，都不愿去依赖小概率事件的发生。所以，为人处世，重要的不是能力高下，而是格局大小。格局大了，自然会主动去提升自己的能力，以便匹配更大的格局，创造更高的价值。

想要走得远，眼光也要放远

人生如棋，落子不悔。可是，如果没有认清接下来的步法，一时糊涂下错了，岂不是满盘皆输？因此，目光长远也是格局中重要的一点。

优秀的棋手能计算出后面几十步棋和局势，因此，在职业赛时下一步棋思考一两个小时的情况很正常。毕竟想到的越多，赢的可能性越大。

这个道理用在为人处世上也同样适用，正所谓"三思而后行"，考虑得周密一些，把目光放长远一些，往往能看到表象之下的真实，避免因为鲁莽做出无法挽回的决定。

曾国藩从不认为自己机灵，因此，他考虑问题总是认真又周密，尽己所能多想几个方面。

一次，家乡地方财政出现赤字，在任的朱知县与曾家的关系很好，在当地乡绅中也很受拥戴，这些乡绅担心朱知县被调离或是降职，提议呼吁全县人民捐钱补亏。弟弟写信询问曾国藩的意见，曾国藩考虑过后，认为这件事并不妥当。乡绅是为了维护自身利益才提议捐钱的，负担最后还是落在老百姓身上。更何况，征收银两时难免会出现假公济私、巧取豪夺等行径，官职调遣是朝廷的决定，与财政亏空无关，捐款不过是有人想巧立名目，谋取利益。

对于官场和人性，曾国藩洞若观火，这并非聪颖所致，而是因为他懂得将眼光放远，思考背后原因以及后续的发展本质。

人无远虑，必有近忧。想要认清形势、规避风险，就需要把目光放长远。

在署理两江总督、领命剿灭太平军时，曾国藩考虑到水陆两军成立不久，便花费大量时间编练队伍，但随着江南大营正规军的节节败退，朝廷开始催促曾国藩迅速出省作战，征调谕旨不断。

曾国藩却冒着被皇帝治罪的风险不肯出兵，还提出四省联防、合力围堵的办法，被咸丰皇帝嘲讽是书生迂腐，曾国藩陷入两难。当时的水陆两军只有万人，若按照朝廷调遣对抗百万太平军，无异于以卵击石；若不听调遣，只怕惹来杀身之祸。

但是，曾国藩依然拒绝出征作战，并且上奏陈述自己不能出征的多个理由，言辞坚决。

为此，他不仅不顾皇帝谕旨，连身处危困中的师友向他求助，他也按兵不动，为水陆两军的编练赢得了时间。

人们总羡慕进退有度的人，却不知道这些人对进退的考量，不只是见机行事，更是看到更远更多的可能，才在当下做出最恰当的选择，将结果引向自己期望的方向。

我们常说"永远不知道意外和明天哪个先来",却很少想到要将眼光放长,从大局入手。有格局的人懂得从大处着眼,向远处计划,而意识不到格局重要性的人,往往在意一时的得失和喜怒,无法为自己谋划一个更长远也更稳妥的未来。

一个人的格局大小,往往真的能决定结果,眼光的长短也是如此。

一个人的格局里藏着气度和宽容

格局的定义看似抽象,但在现实中却能从很多方面感知和捕捉到,它包括一个人的眼光、胸襟、气度和胆识,体现在每一处,又影响着一个人的全部。

与外界接触,表现在为人的品性上,在内心,更多体现的是一个人的胸襟。一个人有多大格局,就有多大的气度和宽容心。

所谓宰相肚里能撑船,眼界大了,计较的事就少,目光远了,心态就平和,自然能做到胸怀宽宏,气量过人。

曾国藩也有过年轻气盛的时候,特别是刚入京做官的那段时间,就连他自己也反省,认为那时心胸不够宽阔,无论是身边的文人还是官员,他看谁都看不顺眼,和谁来往都会闹出不快。直到后来,才慢慢修炼出宽容心,能与任何人来往而不伤颜面。

宽容不仅是处世智慧,更是人与人建立良好关系的基础。如果两人都意气用事,则水火不容,一人能容而另一人易怒,关系也难以平衡长久,而宽容就像一道缓冲带,能消弭相处中可能出现的摩擦与分歧。

从曾国藩与人交往的故事中,能看出格局决定气度,并影响宽容心。

曾国藩与左宗棠性格差距很大，两人因此分歧不断，但曾国藩不仅没有任何微词，反而认为左宗棠"深明将略，度越时贤"，是一个不可多得的人才。得到曾国藩举荐，也让左宗棠有了一展抱负的机会。

站在为国为君举荐人才的高度上，个人在意见和想法上的分歧无关痛痒。

还有一次，曾国藩发觉李元度有分裂湘军力量的苗头，打算对其进行弹劾，但遭到了人们的指责，说他这样是忘恩负义。

事态严重时，李鸿章甚至带着一群人跑到曾国藩那里"抗议"，声称大家都不敢拟弹劾稿。曾国藩不为所动，表示那样他就亲自来写。李鸿章转而威胁要离开曾国藩门下，曾国藩正在气头上，让他去留自便。于是，李鸿章真的负气离开了。

后来经过几番波折，李鸿章有些后悔，想再回曾国藩门下，曾国藩听说后亲笔写信邀请他回来再助自己一臂之力，李鸿章也顺水推舟，两人关系恢复如初。

李鸿章此举，相当于如今的公司管理层当众炒老板鱿鱼，很难再有退路。但是，当他想重回"曾氏公司"时，作为"老板"的曾国藩没有摆出领导派头，而是站在对"公司"发展有利的角度上，毫不犹豫地把李鸿章拉回自己的阵营。

格局大小，决定了一个人思想的高度、看问题的角度、做事的力度，在曾国藩对待左宗棠、李鸿章这两件事上得到了充分的印证。

曾国藩说过："概天下无无瑕之才、无隙之交。大过改之，微瑕涵之，则可。"在他看来，天下人才不可能十全十美，朋友挚交也不可能全无分歧，大的缺点和问题能够改正就好，那些小瑕疵多包涵就可以了。这份气度与宽容，为他赢得了别人更多的支持和信任，在无形中化解了很多矛盾，最大限度地减少了敌人，也让他的仕途之路走得更加平稳。

如今的很多人既怕吃亏，也怕被低看，因此遇人爱比，遇事好争，甚至认为格局大、能宽容的人，利益上会处处受损。而格局小的人看不到有时气度和宽容也会带来意想不到的收获和回报，足以弥补自己那些所谓的"损失"。

会说不如会做，一个人的气度和宽容都藏在格局里，而一个人的格局，是眼界与气量的边界，是思想的广度与心胸的宽度，是能力的"舞台"和成就的"天花板"，也是需要不断提升的，伴随我们一生的内在修养。

强毅之气决不可无

　　强毅之气决不可无，然强毅与刚愎有别。古语云：

"自胜之谓强。"曰强制，曰强恕，曰强为善，皆自胜

之义也。

　　做人绝不可缺少强毅之气，但切勿将强毅与刚愎混

淆。从古至今，只有对自己要求严格、不断超越自己，

才称得上是对人有益的"强"。

强毅是对勇气的加持

真正的强毅，重点在一个"毅"字，不是态度的强硬，而是精神上的刚毅。"天行健，君子以自强不息"，依靠的就是这份强毅。

"如不惯早起，而强之未明即起；不惯庄敬，而强之坐尸立斋；不惯劳苦，而强之与士卒同甘苦，强之勤劳不倦，是即强也。不惯有恒而强之贞恒，即毅也。舍此而求以客气胜人，是刚愎而已矣。"即要求自己时孜孜不倦是"强"，难以坚持却强迫自己坚持下去则依靠"毅"，少了这两点，便是刚愎。

从人的表现上看，强毅与刚愎很像，从本质上看，差别在于是否严格要求自己。看似微小的差别，却能让结果大相径庭，产生云泥之别。

曾国藩虽是文人出身，却手握兵权。一个经历过战争的人，看待问题远比案牍劳形的文官深刻。更何况，曾国藩年轻时性格直率勇武，经过后天的磨炼，褪去的是锐气和燥气，人变得沉稳后，强毅之气反而越发明显。

强迫自己戒烟、静坐、写日记记录各种"犯错"细节，他比自己的敌人还用心盯着自己的缺点。从这一点上说，曾国藩是真正的强人，因为他对自己又严又狠。

在经历战争的过程中，他悟出一个道理："平日千言万语，千算万计，而得失仍只争临阵须臾之顷。"这就是战争，需要一鼓作气，纵然有再多算计，最后拼的也只是短时间内的气势。

战争如此，成事也如此。"凡事非气不举，非刚不济"，"吾家祖父教人，亦以懦弱无刚四字为大耻。故男儿自立，必须有倔强之气"，这些言论曾国藩多次提及。人无强毅之气，免不了优柔寡断，遇事不决，这是成事、争胜时的大忌。

人们常说，一切成就都离不开背后的努力。源于自强自律的努力，能给人极大的勇气和信心，也能磨炼出真正强大的内心。

努力和自律带来的提升感，自信引发的气势，让我们在面对难关时有足够的勇气和信心冲上去，这份勇气依靠的正是强毅的加持，无论眼前有怎样的困难和挑战，都能迎难而上。

行走世间，人们最终能依靠的，是遇到困难时咬紧牙关的毅力和迎难而上的勇气，而强毅之气，就是最好的加持。

坚决与果断更容易让人信赖

在日常生活中，我们往往会遇见气场强大的人，这种人仿佛拥有特殊的"主角光环"，在给周围人带来压迫感的同时也能收获众人的信赖。

气场没有实体，因此，它的效果往往会被人夸大。心理学认为气场只是个人魅力的一种表现，一个人的精神足够强大，气质足够出众，就会自然而然地对周围人的心理产生影响。

观察那些有气场的人，往往会发现他们充满自信，态度明确坚决，做事果断，这些人实际上是具备了曾国藩所推崇的强毅之气。

曾国藩在给弟弟的家信中反复提到做人要追求"强"，"担当大事，全在明强二字"，"至于倔强二字，却不可少。功业文章，皆须有此二字贯注其中，否则柔靡不能成一事"，"古来英杰，非有一种刚强之气，万不能成大事也"。

曾国藩入朝为官后，意识到做事不够果断的人，不仅自身难以进步，在任何事上也都很难被人信任，更谈不上信赖。相反，为人刚强、做事有原则的人，更容易做出成绩，真正立于不败之地。

有人说，成功更眷顾勇敢的人，但真相是——勇敢的人更容易坚持到成功降临。有强毅之气，会让人更有胆识和魄力，做事时信心倍增，状态随之变好，精力也更加旺盛。

曾国藩统领湘军，自然有威武强毅之气，这是领袖人物身上不可缺少的气场。现在很多公司领导、企业高层、项目带头人、课题组负责人等等，都拥有这样的气场，或者说正因为他们是这种类型的人，才能真正做好带头作用。

人们需要英雄，崇拜英雄，追随英雄，英雄气概中最显著的就是坚决与果断。英雄不会瞻前顾后，值得信赖的人做事也不会拖泥带水。

现代社会的竞争是没有硝烟的战场，英雄气概不再表现为冲锋陷阵、流血牺牲，而是体现在态度坚决、手段强硬上。此时的强毅之气，是一种坚决的态度、坚定的选择，而背后则是责任和担当。

真正有实力的人，不会低声下气，他们会昂首挺胸地说出自己的要求，制定并坚持自己的决策，果断高效地完成自己认为对的事，并承担后果。这一切，正是他们受人信赖之处，也是强毅气场真正彰显的地方。

想挑战新事物，先学会挑战自己

《礼记·大学》云："苟日新，日日新，又日新。"意思是如果能做到一日进步，就应该保持每天进步，不断进步，无论是在修身方面，还是在学习和思想方面都要不断革新。这句话也被贤君商汤刻在沐浴用具上，以便每日警醒自己。

"新"代表着活力和突破，学海无涯不是说说而已，人的自我修炼也永无止境，每天比前一天的自己更好，就是日日常新。但这种"新"，往往伴随着挑战，意味着要跳出舒适区，尝试接触新的领域。此时就像曾国藩所说："强毅之气决不可无。"

　　曾国藩不仅强调强毅的重要性，论述它与刚愎的区别，更是直接举例，详细说明到底怎样才是强毅。

　　比如不习惯早起的人，强迫自己天不亮就起床；举止毛躁、行为习惯不庄重的人，强迫自己静坐默想；不习惯劳苦的将军，要强迫自己与士卒同甘共苦。

　　这份强毅，是从精神上不断要求自己进步的力量，是内在的要强。做自己不擅长的事，不断克服缺点，挑战新事物，突破固有的思维，让自己日臻完善，就是曾国藩所说的强毅。

　　磨炼技艺手法的人，重复一个动作久了会生出厚茧，疼痛感就会减轻，取而代之的是熟练后的轻松与享受；磨炼意志和精神的人，重复做不习惯、不擅长的事，不适感就会迟钝，随之而来的是突破和超越后的成就感。

　　一个人的勇气需要磨炼，适应力也需要锻炼。通过不断挑战自己建立自信，养成习惯，才能在挑战新事物时排除畏难情绪，制订更合理的计划，最终取得成功。这些"战绩"会不断积累成经验，转化为自信，并在新一轮的挑战中提升成功率。

　　这种能力，很多人称之为"胆识"，可是，无知者同样无畏。胆识与无知的区别在哪里？区别在于挑战新事物的经验和成功率。

　　有胆识的人，是那些了解了风险仍然愿意挑战，并相信自己能成功的强毅之人，而无知又缺乏经验的人，不是认为自己什么都办不到，就是认为自己什么都能办到。

　　先有超前的"识"，并且有胆量去尝试和挑战，才是真正的强者，这份强毅也让他们对自己的决定坚信不疑。

自修处渴望强，胜人处莫求强

　　吾辈在自修处求强则可，在胜人处求强则不可。若专在胜人处求强，其能强到底与否，尚未可知，即使终身强横安稳，亦君子所不屑道也。

　　我们在自我修养方面求强可以，但在胜过别人方面求强则不可以。若专门在胜过别人方面去求强，这种强能否强到底，尚且不可知，即便终身强横安稳，也是君子所不屑于称道的。

真正的自强总是伴随着自律

曾国藩看重"强毅"，但真正的自强离不开严格的自律。

人一生都在与怠惰做斗争，一日不要求自己上进，就可能松懈下去。因此，曾国藩注重自修，不为胜过别人，但求胜过自己。

曾国藩对自己的评价是"余性鲁钝"，这个评价实在不高。他到31岁才开始领悟为人处世的道理，发奋的时间也并不早，但他对自己很严苛，不仅要反省自身的缺点，还为自己制定了"日课"。

"日课"包含了作息、学习等多个方面，并通过日记的方式记录、总结、回顾、反省。这份计划有多严苛呢?

在日常生活中，曾国藩要求自己每日黎明时分起床，饮食各方面节制以保证身体健康，晚上不出门以便保留精力；在学习上，每日读书并圈点10页，要读史、练字，读书要每日有所得，每月进行复习，并作诗歌或是短文数篇检查所学；在修养性情上，做事要严肃认真、不可分心，说话要谨慎留心，每日静坐养性……

曾国藩的自修，可以说涵盖了衣食住行、举手投足的各个方面，但效果也是明显的。

他戒掉了烟，也培养出了做事的恒心，他说自己"三十岁前最好吃烟，片刻不离"，后来"立志戒烟，至今不再吃。四十六岁以前，做事无恒，近五年深以为戒，现在大小事均尚有恒"。

这些事都非一朝一夕能达到的，正是因为"在自修处求强"，才让曾国藩有足够的动力坚持下去。

无论是自己的行为，还是教导兄弟子侄，曾国藩都崇尚"谦"。一个谦逊的人，总能看到自己的不足，因此，不断产生自修的动力。就像曾国藩所说，人要"知天之长而吾所历者短"，"知地之大而吾所居者小"，"知书籍之多而吾所见者寡"，"知事变之多而吾所办者少"，只有了解了这些，才能真正生出自强之心，真正做到自律。

有人说自律的都是狠人，这话只说对了一半。自律的人对自己"狠"，是为了变得更优秀更强大，在这个过程中，他们不仅能收获成就感，更重要的是能赢得一个更好的自己。

没有人会做毫无意义的事，那些看似对自己"狠"的人，懂得自律自强带来的好处，才会在自修处不断求强，因为每走一步，他们就站得更高，看得更远，拥有更好的人生。

无论对手多么强大，眼前的困难多么棘手，人们要超越的人总是自己。一个人只有和自己比拼，不断超越自我，才是真正的自强。

没有谁的努力会白白浪费，在我们不断赶超自己的过程中，往往不知不觉就超过了他人，无须和他人比较，"在自修处求强"，自律，自强不息，都是属于自己的战斗。

与他人比，输赢都是错

自负的人总爱彰显自己的长处，甚至喜欢以己之长比人之短。遇到这样的人，心胸宽广的人一笑置之，不以为意，心胸狭窄的人却难免产生厌恶甚至嫉恨之心。

一个人可能很强，但没人能同时在所有领域胜过他人，就算真的天赋异禀，或通过勤奋刻苦达到这个层次，一旦与他人比较，试图证明这一点，都不会有太好的结果。

好胜而战，已是失败，太过争强好胜，最终只会被小人嫉恨，被君子耻笑，无论输赢都是错。

曾国荃性情张扬，进入武昌担任巡抚不到五个月的时间，就开始弹劾当时的湖广总督，理由是他贻误军情、贪污受贿等等。朝廷在地方设置的官职中，最高的长官就是总督和巡抚。因为职权上相互交错，如果总督与巡抚同在一个城市，往往会产生不和，但到了参奏弹劾程度的却很少见。

曾国藩得知此事，认为曾国荃太过强横，于是写信规劝，但弟弟曾国荃认为"自强者每胜一筹"，强者总能获得主动权，而曾国藩却不认同这一点。

任何国家的强盛都离不开贤君贤臣，家庭兴旺也需要贤德子弟，可见有些强并不都是有益的。为了证明这一点，曾国藩列举了《孟子·公孙丑篇》中北宫黝、孟施舍、曾子三种"自强"模式为例。

北宫黝的强，是皮肤被刺不躲闪，眼睛被戳不眨眼皮，可是却不能忍受分毫挫败，被骂则一定要骂回去，无论一国之君还是寻常小民都一视同仁；孟施舍与人交战时也不去考虑实力上的差距，只凭胆量强行较量。

而曾子也就是曾参的强大在于坚守原则，自己没有道理，对方即便卑贱至极，也不会去欺侮，若道理在自己这边，就算面对千军万马也会勇往直前。

在曾国藩看来，弟弟的"强"，也只是停留在北宫黝和孟施舍的程度，不及孔子、孟子、曾参等人的"强"。

与他人相比的强，大多是斗智或斗力，有的结果很好，有的却会导致大败，比如李斯、曹操、董卓、杨素，他们都是智力一流的人，结局却迥异。

博学的曾国藩不仅举古人为例，也举了同时代不得善终人的例子，希望弟弟引以为戒。如两江总督陆建瀛，咸丰三年（公元1853年）死于太平军中，继任的何桂清在咸丰十年（公元1860年）面对太平军攻打时弃城而逃，最后被朝廷斩首。肃顺是顾命八大臣之首，被慈禧杀头示众，肃顺的党羽、军机大臣、尚书陈孚恩则被抄家，发配新疆。

上述人的特点是为人强横，共同的结果是下场都很悲惨。

曾国藩为官多年，深知锋芒毕露的害处，一味在赢过别人处下功夫不能算真正的强者，更何况还容易招致怨恨，实在是得不偿失。因此，他举例说明，在要求自己时求强，不断精进是好事，在与人相比相抗时则不可。

"若专在胜人处求强，其能强到底与否，尚未可知，即使终身强横安稳，亦君子所不屑道也。"即就算一时成功压制了别人，能一直强横下去吗？更何况，就算能做到强横一生还安稳终老，这种做法也是被君子不屑的。

无论输赢，从长远上看，与人争斗都是一种错。不如学会在自修处求强，不断强大自己，才能有实力和底气面对新的挑战。

明智的人往往把努力藏在暗处

相信不少人有过这种经历：上学时有同学号称自己从不看书，却自己在家奋战到深夜；工作后有的同事说自己不擅长使用电脑，结果一个周末做出的PPT直接拿下大项目。

身边很多厉害的人往往深藏不露，有的人是害怕"枪打出头鸟"；有的人是担心被他人赶超；还有的人是出于明智，选择暗中努力，埋头自修。

太过耀眼的人，容易成为他人的眼中钉，引来灾祸。曾国藩在史书上读到太多这样的例子。

当他发现弟弟曾国荃表现出强横作风后，不禁三番五次写信告诫："古来成大功大名者，除千载一郭汾阳外，恒有多少风波，多少灾难，谈何容易！愿与吾弟兢兢业业，各怀临深履薄之惧，以冀免于大戾。"

信中提到的郭汾阳，是唐朝中兴时期的名将郭子仪。朝廷重臣往往因为手握兵权遭皇帝忌惮，功高盖主被皇帝猜疑。可是，郭子仪在平定安史之乱后手握重兵，却最终得以善终，子孙享受荣华富贵，这种情况极为少见。

正因为少见，曾国藩更不敢存侥幸心理。自己率领湘军平定太平天国运动，弟弟曾国荃更是攻陷天京的主将，风光与荣耀加身，但稍有不慎就可能引来杀身大祸，也就是"大戾"。

郭子仪的遭遇千载难遇，曾国藩只求弟弟能像自己一样，凡事兢兢业业、如履薄冰，落得一个好结局。

正因为深谙自修处渴望强，胜人处莫求强的道理，曾国藩处处收敛锋芒，改掉自己的脾气，最终也得以善终。

不与他人争胜，不断向内提升，每次只见自己不足，最直观的益处是让人懂得谦逊。谦逊的人，更容易发现并善用别人的优点，与能力胜过自己的人相处，不断学习，转而更加严格地要求自己，持续长进。

就像咸丰皇帝"嘲讽"的那样，曾国藩是书生出身，并不是很懂谋略，但他仍然打了胜仗，这是依靠他身边的胡林翼。

作为领导者能不跋扈，耐心地倾听下属的意见，放下身段向胜过自己的人请教，既能团结下属，又能真正获得裨益。从不与他人争胜到汲取他人的长处，曾国藩不过是将个人的努力从明处转向了暗处。不彰明存在，也不显露锋芒，这才是真正的明智与自强。

日中则昃，月盈则亏

　　日中则昃，月盈则亏，故古诗"花未全开月未圆"

之句，君子以为知道。

　　太阳升到中天便要偏西落下，明月圆满之后就会开

始残缺，因此宋诗中有"花未全开月未圆"句子，有学

问的人认为它道出了天地宇宙间的真理。

最高处的风景未必最美

人生就像登高望远，登上越高的山峰就能看到有越美的风景，杜甫笔下的"会当凌绝顶，一览众山小"正是如此。

浪漫主义者告诉我们，流最多的汗，登最高的山，看最好的风景。而人间清醒的苏轼却提醒大家"高处不胜寒"。

曾国藩也跟苏轼一样，寻常人盼望的如日中天的盛誉反而让他惴惴不安，因为"日中则昃"。太阳一旦升到最高处，就会开始下落。

在江南十余年里，曾国藩结交了很多朋友，当他调任直隶总督北上时，满城文武争相送别，沿路燃香烛设彩棚，饯别宴席不断。但是，这样的盛情没有让曾国藩志得意满，反而让他夜不能寐。

"念本日送者之众，人情之厚，舟楫仪从之盛，如好花盛开，过于烂漫，凋谢之期恐即相随而至，不胜惴栗。"

盛极必衰，花事如此，人事亦如此。

后来发生的事也证实了曾国藩的担忧。担任直隶总督的第二年，曾国藩不幸卷入"天津教案"，落得"外惭清议，内疚神明"的结果，就像午后渐落的太阳有了下沉之势。

俗话说站得越高，看得更远，但事实告诉我们，站得高也可能摔得更重。

"花未全开月未圆"，最好和最稳妥的状态，不是绚烂的盛放，圆满的时候，而是含苞待放，将圆之时。

曾国藩不仅喜欢这句诗，也时刻以它为人生指导。

曾国藩和弟弟得到朝廷的封赏后，曾国藩敏锐地意识到功高震主的危险。伴君如伴虎，他们兄弟手握兵权，更容易引起皇帝的忌惮。因此，曾国藩几次三番劝弟弟尽快隐遁。

为表归隐之心，曾国藩还在诗中这样写："千秋邈矣独留我，百战归来再读书。"即无数将士战死沙场，剩我一人独活已是幸运，自然要继续苦读圣贤书，也趁早离开这"不胜其寒"的最高处。

一直说自己笨拙的曾国藩，在面临生死攸关和大是大非的选择上，却能时刻保持过人的清醒和见地，是因为他懂得戒骄傲，一直保持谦逊之心。

骄傲只会成为自己的绊脚石

"满招损，谦受益"，"骄傲使人落后"，"成熟的麦穗总是低垂着头"……类似的话语和劝诫早已流传千年。

曾国藩的入仕道路开始时并不顺利，更谈不上少年得志。他一生宦海沉浮，起起落落，深谙为人处世的道理，那就是谦虚谨慎，不可得意忘形。

28岁那年，曾国藩入京拜见祖父星冈公，星冈公告诫他说："尔的官是做不尽的，尔的才是好的，但不可傲。满招损，谦受益，尔若不傲，更好全了。"

官途无尽，才能也好，若是能做到不骄傲就会更好。

戒除骄傲，是为人处世的第一要义。

30多岁时，曾国藩已在《易经》中悟出了世间万事万物皆不能圆满无缺，人生亦如此的道理。

因此，他也很喜欢这句"花未全开月未圆"。花未全开，月不圆满的境界，意味一切还在上升和变好中。花开到盛时，月圆如银盘，一切发展到顶点，接下来，便是衰亡和凋落。

这种"求阙"的理念，对人生有着积极的作用。一味地追求圆满，一来不可能真的实现，二来会因为贪求完美更早地迎来衰败。

"求阙"是警示，提醒我们切勿得意忘形、狂妄自大，也提醒我们任何盛大绚烂的成就都只是一时，风水轮流，只有不圆满才是人生常态。

不知"求阙"的自满与骄傲，会蒙蔽人心。人一旦有了骄傲之心，既看不到自己的不足，也看不到潜在的风险。

曾国藩在家书中反复提到"讨人嫌离不得个骄字""败人两字，非傲即惰"，说京师子弟的缺点是骄与奢，他在自我检讨时也会反思自己在军中多年，却因一个"傲"字导致百无一成。

"日中则昃，月盈则亏"是曾国藩在给罗伯宜的信中写下的话。后面说的都是自己带兵打仗的感悟——如果战局胜败无法确定，主将谨慎，士兵警惕，反而能赢得胜利，但是连胜之后，将领志得意满，士兵骄傲散漫，便会转胜为败。

正如太阳升落和月之圆缺，虽是天地间的自然现象，却也昭示着人生与命运，盛时不能常在。

梁启超对曾国藩这句话大为赞同，特意在后面标注道："处一切境遇皆如此，岂唯用兵？"

这是普世的真理，可以用在一切情况下，无论古今，修身从来不拘于时代。

收信的罗伯宜是曾国藩手下军官，因为文采出众，抄写奏折既快且好受到曾国藩的重用，也因此引来不少同僚的嫉妒。曾国藩的"日中则昃，月盈则亏"，感慨的既是自己，也是罗伯宜。

曾国藩对属下反复劝诫，对自己的弟弟更是三令五申，要他们切勿骄傲。

咸丰十年（公元1860年），弟弟曾国荃因为立了军功，时常呈现出骄傲自大、目中无人的姿态，这让曾国藩极为担心。

他在写给弟弟的信中就问到曾国荃手下将领是否有骄傲的苗头？曾国荃有没有每日反省，收敛骄傲之气呢？又劝诫说："天下古今之才人，皆以一傲字致败。"

因为骄傲带给人的并非自信，而是懈怠。

在有些方面，骄傲会使人不再发奋，最终落后于人，比如文人学子恃才傲物，空怀大志，潦倒一生，而在一些关乎生死的大事上，骄傲的代价尤为可怕。

三国时关羽大意失荆州，败走麦城；明朝末年李自成攻入北京，只做了四十二天皇帝，就因为骄傲轻敌让起义成果毁于旦夕之间。

让人们感到骄傲的是自己创造的成就，但这份骄傲带来的自命不凡，也往往能毁了之前所有的成就和辉煌。

心怀谦逊，才能做出明智的选择

做一件事，能力不够却认定自己能做好是骄傲自大，能力足够也清楚自己能做好是自知之明，能力足够却担心做不好是自卑，能力足够却说没那么容易做好，才是谦逊。

如果能力是一把利剑，谦逊就是剑鞘，是一种收敛。这种收敛不是暗藏能力，而是为了在需要时更好地释放和运用。

相比于利刃出鞘，谦逊的敛才更是一种智慧。

曾国藩受封为侯爵，弟弟曾国荃受封为伯爵后，曾国藩力劝弟弟急流勇退，他自己也是这么做的。

曾国藩严格恪守着谦逊节制的原则，他形容弟弟的气势像春夏季节生机旺盛的舒展之气，而他自己则是秋冬收敛纳藏之气，一个旺盛，一个厚重。

这种厚重正来源于"花未全开月未圆"的谦逊与收敛。

敛是一种能量的积蓄，没有敛就没有势，也无法形成厚积。心无底气，人不稳重，头脑难清醒，又怎能做出明智的选择？

水满则溢，在日常生活中，我们都明白水满了要么倒掉一些，要么换个新杯子，但我们面对成就时却很难保持这份明智。

湘军遭到裁撤后，弟弟为此心怀不满，曾国藩却把目光转向了其他地方。他忙于主持书籍的整理和出版，修复因战乱损毁的典籍，修葺书院、贡院，为江南学子举办补考，收养孤寒子弟，建立江南制造总局，等等。

立下的军功已经足够大，不如战场归来再读书，让人生的状态从"满""盛""圆"，重新回到"未尽""未开""有阙"中。

这种遇事逢难而伸，时过境迁即能屈的明智之举，只有心怀谦逊之人才做得到。

世间万事都像塞翁失马，损益没有绝对的一成不变，遇到事退一步可能海阔天空，遇到问题退一步在更大的范畴里审视可能就不算问题。

但这退一步的能力，要从收敛处获取，要从谦逊中得来。心中装满骄傲，脑中满是自负，既没有能够进退的余地，也没有适时进退的见地。

骄傲与谦逊之差，被春秋末年吴国国君夫差用自己一生的起落给以生动的诠释。

最初吴王阖闾率兵攻打越国失败，阖闾受伤死在途中，儿子夫差继位后派人守在宫门口，每次出入时都提醒自己，杀父之仇未报。后来吴国击败越国，夫差要越王勾践在吴国为奴三年。

三年中勾践表面恭顺谦卑，夫差因为大仇得报志得意满，三年期满后他不听伍子胥的劝说，放虎归山让勾践回到越国，于是，便有了勾践卧薪尝胆、矢志复仇，最终率兵灭吴的故事。

两百多年后，楚汉相争时，武功盖世的项羽对刘邦颇为轻视，以为自己必会获胜，在鸿门宴上放走刘邦，最终落得四面楚歌、自刎乌江的下场。

前车之鉴，后事之师，夫差与项羽的做法如出一辙，原因只在一个"骄傲"。失了谦逊，等于放弃理智，任由盲目自信蒙蔽视听，这也正是曾国藩所说的"败人"根由。

曾国藩读书刻苦，前人的故事烂熟于心，再加上多年来官场历练，看到骄傲不谦的人会如何招致祸端，也看到谦逊内敛的人能保福平安。

我们能看得更远，看得更透彻，是因为站在前人的肩膀上，有前人的经验做基础，正因如此，我们才更应该懂得"日中则昃，月盈则亏"的道理，与其为身外名利争个头破血流，不如恪守"花未全开月未圆"的境界，在从容张弛间修炼出君子的风度。

处

事

篇

勿以小恶弃人大美，勿以小怨忘人大恩

勿以小恶弃人大美，勿以小怨忘人大恩。

这两句话最早出自清代申居郧的《西岩赘语》，也是曾国藩家训中的六戒之一，为第二戒。为人处世，切勿因小缺点否定对方的长处，更不能因小摩擦、小怨恨就全然忘了对方给的恩情。

白玉有瑕才是真实

人们在处理问题时，往往容易以偏概全，以点概面，就像管中窥豹，无法全面地认知和判断。在特定的时候，甚至会夸大别人的一部分缺点，而忽视其他优点。

就像光环效应能放大一个人的优秀品质，并且影响他人对这个人的判断，得到更好的评价，与其相反的恶魔效应，也会放大缺点拉低评价。

曾国藩早年脾气暴躁，深知主观情绪带来的不良后果，经过后天的磨炼和自律，他对主观情绪造成的影响非常敏锐，才有了这样的戒言。

"金无足赤，人无完人。"这句话人们引用的时候张口就来，真正面对问题时却容易被情绪冲昏头脑，会用主观感受去判断一个人的好坏。

无论谁不可能不犯错误，处世高手都懂得与他人相处时看长处，为什么呢？因为每个人都必然有短处。

短处的存在不可避免，却可以主动避开。如果一个人"以小恶弃人大美"，则是在用完美苛刻的标尺要求他人，可以说是严于律人，宽以待己。

物以稀为贵，因此，无瑕的白玉才成为绝世珍宝，没有缺点的人也同样世间难寻。寻常的白玉有天然之瑕，普通的人有自身的短长，这是人间真实。

在一个圈子里，有的人擅长与他人相处，受人欢迎，有的人却看谁都不顺眼，也因此遭人冷落、嫌弃。前者与他人的长处相处，关系融洽，相互受益，后者习惯看人短处，挑人毛病，既是心胸不够的表现，也是一种苛求完美的坏习惯，很多时候只会自寻不快。

被后人推崇的曾国藩，也不是一个完美的人，按照他的描述，自己缺点太多，头脑不够聪颖，心目不够灵活，年轻时脾气又非常差，优点却没有几个。

前文已经提到，入京做官后他连续两次对朋友破口大骂，甚至情绪失控，完全没有儒家倡导的样子，更不顾友人的脸面和感受。

这样一个鲁莽粗暴的人，朋友为什么没和他绝交呢？

曾国藩的脾气不好，这是他的"瑕"，但他为人勤奋刚直，值得信赖，不仅懂得事后诚恳道歉，更懂得自省，而不是一错再错、一犯再犯，这是他的"美玉之质"。

简单地说，在朋友眼中，曾国藩是个好人，就是脾气差，但这个缺点，他们愿意包容和原谅，这就是"勿以小恶弃人大美"。

人们爱玫瑰的娇艳美丽，但玫瑰是有刺的，人们爱美酒的醇厚醺然，但美酒是伤肝的，蜂蜜好吃但采蜜要防蜇，阳光里的紫外线可以杀菌却也容易晒伤皮肤……

无论是天才还是普通人，总会有微瑕之处，性格上的缺陷、生活里的遗憾伴随着每个人，学着接纳自己和他人的不足，学会凡事多看长处，才是真正的处世良方。

因为，一旦我们盯着缺点不放，就会错过很多原本美好的事物，割断原本融洽的关系，让自己陷入孤独之中，陷入"瑕疵"的包围圈中。

意见不合，不代表水火不容

人在社会中，总会遇有纷争。

世界上没有完全一样的人，自然也不可能有完全一样的想法。我们会和其他人有意见相左之时，会产生分歧甚至是矛盾。

意见不合时，对一些无关紧要的事可以回避或是进行化解，但有些原则问题，或是重要的规划和方案，每个人都想贯彻自己的想法，当都不肯退让时，争执在所难免。

很多时候，人们会从一开始的争论问题，上升到互相指责、谩骂，再上升到互相进行人身攻击，最终会脱离就事论事的原则，变得水火不容。

其实，意见不合只是观点和原则上的分歧，并不代表两个人真的不能相处，更不至于闹到水火不容的地步。

关于左宗棠与曾国藩两人的关系存在很多说法，有人认为两人关系最初很好，但后来因为意见不合走向破裂。事实上，他们之间的分歧只在公事上，对彼此的欣赏，以及两人私底下的互相扶持，让他们的友谊维持了很久。

左宗棠的科举之路一开始比曾国藩顺利，很快考中举人，之后却连续三次会试落第，而曾国藩却从一开始很难考上秀才，到举人、进士都能考中，以及后来的高升都很快，到了咸丰二年（公元1852年），41岁的曾国藩前往长沙组织民兵，左宗棠只是湖南巡抚私人招募的幕僚，但两人相见后，都给彼此留下了深刻的印象。

左宗棠描述与曾国藩的相识："曾涤生侍郎来此帮办团防。其人正派而肯任事，但才具稍欠开展。与仆甚相得，惜其来之迟也。"大意是他认为曾国藩为人正派、办事负责，才学谋略上尚有不足，但他们仍然相见恨晚。

两年后，新上任的湖南巡抚很欣赏左宗棠，甚至直接将衙门公文交给他处理。左宗棠没有朝廷编制，但长沙府的官员都会对他下跪请安，既是给巡抚面子，也是敬佩他的才能。当永州总兵被人举报后，巡抚甚至直接让左宗棠讯问。总兵是三品武官，拒绝向左宗棠下跪，争执之下被左宗棠轰了出去。这位总兵直接写信给咸丰皇帝，指控左宗棠身为幕僚师爷，架空衙门巡抚、把持政务、欺凌官员。

皇帝下旨彻查此事，一旦查明，左宗棠将被就地正法。所幸有巡抚和身边好友营救，曾国藩也四处托关系帮他解围，之后还不顾影响保举他给自己做助手。

后来，左宗棠独立出去创建了楚军，咸丰十一年（公元1861年），曾国藩在担任两江总督期间举荐左宗棠为浙江省巡抚。

按照当时的惯例，被推荐为官的左宗棠，应该自称是曾国藩的门生弟子，但左宗棠的年纪只比曾国藩小一岁，更何况他认为自己的才能不亚于曾国藩，因此无论是公开场合还是私人信件中，他从没称曾国藩为恩师，也从不承认是曾国藩的门生弟子。

左宗棠性格倨傲，做事求快，曾国藩经过修炼，凡事习惯稳中求胜，因此两人在公事上有分歧实属正常。

曾国藩去世时，左宗棠以友人身份吊唁，并对曾国藩后人说："我与令尊所争者乃国事也，今日吊唁乃尽朋友私交也。"他的挽联中的"相欺无负平生"，写尽了自己与曾国藩一生争执却终生为友的"缠斗"。

按照曾国藩"勿以小恶弃人大美，勿以小怨忘人大恩"的训诫，他与左宗棠都做到了这一点。一个嫌弃对方，倨傲自赏，却愿意与口中的愚钝之人做朋友；另一个从不气恼对方的各种贬损，称对方为国家之幸。

意见不合，却能一生相互欣赏，两个人的相处智慧堪称高超。

当今社会，无论是家庭还是职场，能牢记曾国藩的这一训诫，做到对事不对人、遇事就事论事、遇人与优点相处……的人，何愁身边的人际关系无法理顺呢？

明辨是非的人才懂得权衡

"权衡"这个词火了很久，如今事事都讲究权衡与取舍，不仅是简单的利益，职场管理与决策力也需要权衡，人生规划更要懂得权衡取舍。

现今，很多人跟着学习如何权衡，换工作时权衡，选择结婚对象时权衡，甚至购物时也常常陷入选择困难中。

这是因为大部分人都忽略了重要的一点，需要权衡的东西，一定是价值和意义相近的。既然相近，就不能只盯着价值、意义和得失大小去判断，而是需要依靠是非标准与原则。

能够明辨是非、了解自己真实需求的人，选择时才称得上是"权衡"，少了这些，所谓的"权衡"不过是一种算计，和去哪个菜市场买青菜更便宜没有区别。

曾国藩提倡的"勿以小恶弃人大美，勿以小怨忘人大恩"，就像《三国志》里刘备遗诏中的"勿以恶小而为之，勿以善小而不为"，都是道义和人品上的一种权衡。

做人应当以美、恩、善为重，恶怨再小、再不起眼，从修身与处世上说也是"罪大恶极"，因此，权衡时一目了然，纵然有小恶、小怨，大美、大恩却重如山，不能轻易撼动。

一个人若是没有原则，可能会因为一时气盛与益友绝交，或是因为心怀芥蒂怨恨自己的恩人，如果在修养心性和为人处世方面任性而为，最终会沦为孤家寡人，自食苦果。

前文中有李鸿章威胁曾国藩改变主意，未果后负气出走的故事，但怒气消除后，李鸿章再次回到曾国藩手下。

曾国藩日日自省，早已练就豁达圆通的性情，固然可以心无芥蒂地接纳李鸿章，但李鸿章年轻气盛，为人刚烈，若他如霸王项羽那样为人强梁倨傲，就算明知自己意气用事，也断不会再回去，更不会后来一直自称是曾国藩门下的大弟子。

在这件事上，李鸿章也经历了权衡。他们之间为弹劾一事的争执，是为政事，不针对个人，结下的怨愤也是一时恼怒，与曾国藩的提携之恩相比不值一提，既然是小怨，自然不能为此忘人大恩。

真正的权衡，都建立在原则上，都向着人心中的善，正是因为与人为善，知恩图报，人与人之间才能建立起和谐的相处关系。而缺少原则的人，不可交，更不能深交。

扬善于公庭，规过于私室

扬善于公庭，规过于私室。

夸奖人的时候尽量在大庭广众之下，让别人也听到，对于缺点和过失，要在私下进行规劝，知道的人越少越好。这是曾国藩教导弟弟曾国华如何对待下属的话，却不只适用于军队管理。

人后批评体现的是尊重

谁都知道忠言逆耳，但为了认清和改正错误，该说的还要说。

但是指责或是规劝，往往让人听了不舒服。因此，有些不那么好听的话，一定要学会分场合、分地点、小声说。

当初曾国藩率湘军攻占武昌，六弟曾国华带着从湘地招募的五百名勇丁前往武昌，曾国藩亲自向他传授带领团队的经验：

对手下的要求不能太高，人才是靠奖励养成的，就算是中等之才，鼓励鼓励，也有望成大器。若是一味地贬斥，只会适得其反。最重要的一点是，应"扬善于公庭，规过于私室"。

曾国藩认为人才的培养需要夸奖，但他在家信中却因为各种事劝诚弟弟和晚辈，有时甚至是沉痛指责，为什么会这样呢？

因为家信是私下阅读的，那些批评自然也是在人后。

有句俗语叫："当面教子，背后教妻。"

意思是，不懂事的孩子犯了错，可以当着他人的面指出，批评教育，让他明白不可恃着有他人在场就任性妄为；若是妻子有哪里做得不妥，却要在人后私下指出。

孩子尚不懂是非，自然以教导为重，妻子和自己是平等的，就算行为不妥，也应该用尊重的方式表达。

若是在大庭广众之下批评妻子，很容易让妻子颜面大损，而背后私下里讨论，反而能培养信任，更容易沟通。

家人如此，对身边的朋友、下属更是如此。

凡事学会给人留面子，并非怕人怨恨，而是一种修养。己所不欲，勿施于人，在指出他人问题的时候照顾他人颜面，是一种礼貌，更是一种涵养。

年轻时的曾国藩多言健谈，又爱出风头，时不时对别人评头论足，更是喜欢在口舌上争胜负，因此常常与朋友争吵。

一次父亲在场时，曾国藩与朋友因为观点分歧当众争论不休，等到结束，曾国藩的父亲告诫曾国藩，为人处世要学会顾全对方的脸面，才是长久之法。曾国藩也深刻反省，从此收敛脾气，日益成熟起来。

一个人如果没有做错，人前批评是针对和挑剔，一个人如果做错了事，人后批评是一种包容，更是一种尊重，其中暗含的还有与人平等沟通的诚意，以及与人为善的涵养。

善于沟通的人懂得因人而异

文学巨匠列夫·托尔斯泰在《安娜·卡列尼娜》的开篇这样写道："幸福的家庭都是相似的，不幸的家庭各有各的不幸。"

类似的有，夸奖人的方式都是相似的，批评人的方式却各有各的不同。

而且受到夸奖，无论什么性格的人都会觉得高兴，但遭到批评时，不同性格的人，反应是截然不同的。

扬善于公庭，意味着夸奖可以按"套路"出牌，绝大多数都适用，因此其他人听了也不会觉得是讽刺或言外有意；规过于私室，是针对不同学识、性格的人，采取最适合他的方式，让他听得进去，愿意改正自己的错。

正如大部分学生在学校集体上课的学习效果，往往不如针对性地"一对一"辅导答疑，因为每个人薄弱的知识点不同，需要提升的地方也不同。

批评一个人的目的不是单纯指出问题，而是要修正问题。问题不同，理解方式不同，自然修正问题的方式也不同。

性格开朗的人，批评时直截了当显得更坦诚痛快，脾气暴躁的人，要在对方心情平静后再批评，敏感的人可以含蓄暗示……这些都需要在私下的场合进行，避免因为自尊心受到打击进而"破罐破摔"，毁掉原本良好的关系。

《道德经》云："治大国，若烹小鲜。"治理国家就像烹饪小鱼，调料火候要恰到好处，任何方法上的疏忽都可能导致失败，曾国藩教导属下，也同样如"烹小鲜"一般，火候掌握得恰到好处。

他的手下鲍超是个真正的武夫，目不识丁，只会写自己的名字。一次在战场上被敌军包围，情急之下要写信给曾国藩求援，负责书写的人正在斟酌，鲍超直接抢过纸笔迅速写了一个"鲍"字，又在外面画了个圆圈，准确传达出鲍超被围的含义。

就是这样一个粗人，曾国藩同样能跟他讲道理。

鲍超因功从总兵被提拔成提督后，逐渐显露骄横之气。注意到鲍超的骄横，曾国藩写信给他，直接告诫他统帅部队变多，声名太大，要保持一颗谦虚之心，为自己积德积福。

曾国藩数次参加科举，经年苦读，文笔自然不凡，在前文中提到，他规劝弟弟曾国荃"胜人处莫求强"时，举了很多例子，却并没有直接说明优劣高低，而是采用委婉的措词表达自己的看法，但是到了鲍超这里，曾国藩批评得直截了当。

因为鲍超不通文理，任何含蓄的表达，再多比喻修辞都像是在对牛弹琴。

秉承"规过于私室"的原则，让曾国藩能用不同的方式劝诫和教导家人和下属，建立起良好的人际关系，这才是他真正善于沟通之处，也是真正值得学习的地方。

背后的批评，是一个人在爱惜关系、顾及面子的同时，真心希望对方有所改正而采取的行动，配合对方的接受能力，用适合对方的方式进行积极有效的沟通。

毕竟我们都懂得，如果只是为了顾及他人的面子，那些批评的话，不说岂不是更好？

夸奖是激发动力最简单的方式

曾国藩认为，人才的发掘需要表扬，因此他从不吝惜对他人的赞美。

无论是做文章、练字还是脾气性格上的修炼，只要发现弟弟和晚辈子侄有任何长进，他都会在家信中提及，谆谆教导，可谓苦口婆心，甚至显得有些唠叨。

从心直口快、口不择言，到耐下性子规劝开导，曾国藩也是走了很长的路。

前文提到他对自己的要求相当严苛，在这样日复一日的自我要求下，他很早就尝到自我提升的艰难，也体会到夸奖对别人的激励作用。

曾国藩在带兵谋略上自认不如左宗棠等人，但他擅长识人和用人，也可以说是善于管理人。

他的行事用心，体现在对待任何事上都讲究方法，带部下更是如此。

在带兵打仗的过程中，一次召集诸将议论军务。当时湖北、江西已经被收复，江宁城和安徽仍在太平军手中。曾国藩率先发言简单分析了形势，而一向沉默寡言的手下李续宾很快听懂，试探地问曾国藩接下来是否打算进军安徽。

曾国藩借此机会当众夸奖李续宾，认为他平日勤于思考军事，不仅能掌握扎营、攻城、脚程等细节问题，更善于从全局出发制订宏远规划，其将才在诸将中略胜一筹。

因为曾国藩并没有夸大其词，其他将领听得心服口服，也跟着点头。这番当众的夸奖，既肯定激励了李续宾，增强了他的自信心，也为其他人指明了学习效仿的榜样。

更重要的是，当这个人被公开赞扬后，他的行为会受到他人关注和监督，夸奖带来的荣誉感，也鞭策着这个人继续保持和维护自己的良好作风，化为一种持久的驱动力，获得更长远的收益。

一个人发现对方的优点并不难，难的是能及时当众赞扬。

很多时候，有些人的表扬显得刻意，都是因为没有找准时机。有些人的当众夸奖，却让大家哑然，让被夸奖的人陷入尴尬。

学会及时恰当夸奖他人，能让听的人深以为然，也让被夸奖的人激发出更大的动力，甚至足以改变未来的发展。

言语的力量是无穷的，"良言一句三冬暖，恶语伤人六月寒"，永远不要低估夸奖的力量。

如果你懂得夸奖他人，走到哪里都会受人欢迎、被人认同和接纳，因为和这样的你在一起，每个人都能不断发现自己的优点，不断被激发新的热情。

这世上大多数人都懂得，正确的择交，就是和那些让自己变得更好的人在一起。

乱极时站得住，才是有用之学

"乱极时站得住，才是有用之学。"

这是曾国藩旧部罗泽南的话，他认为，人只有在大

乱时能站稳脚跟，镇定行事，处理好复杂的局面，才是

人生真正有用的学问。

内心强大，方能临危不乱

"乱"这个字最早出现在西周金文中，造型像双手拿着工具整理缠在一起的绳丝，正所谓一团乱麻，全无头绪。

曾国藩曾在信中写下这样的话："自古大乱之世，必先变乱是非，然后政治颠倒，灾害从之。"

世道乱了，是非不分，歹人就会趁机牟利，乱上加乱；人的内心一乱，判断力、感知力、决策力一并下降，从智慧的高等生物沦为情绪的傀儡。对此，曾国藩总结道："一经焦躁，则心绪少佳，办事必不能妥善。"

周遭万物不断变化发展，其中规律本身就很难把握，纵然心境平和，也只是偶尔能窥见一斑，若是心不静，难免看不懂、听不到、摸不透、想不通。

在乱中脚跟不稳、内心不定，最终害的是自己。

曾国藩在与太平军的战斗中，双方曾反复拉扯，互有输赢。

咸丰五年（公元1855年），太平军再次占领武汉三镇，控制长江航线，太平天国运动也随之进入鼎盛时期。

此时曾国藩率领的湘军对九江城久攻不下，手下将领塔齐布急火攻心，吐血而亡，而太平军已经开始回师江西，战局越发艰难。另一位得力属下罗泽南与曾国藩商讨，率一队人马脱离江西战场，进攻武汉，巩固湘军后方。

这个计划及时援助了湖北战局，罗泽南因此受到巡抚胡林翼重用，军事力量逐渐强大。但曾国藩这边却被迫从九江撤走，咸丰六年（公元1856年），他在南昌被围，甚至一度与外界中断联系。

困境中曾国藩上书朝廷，请求派罗泽南前来解围。可是，这封文书发出不到十天，罗泽南就在围攻武昌时头部受伤，三天后医治无效而亡。临终前他写下"乱极时站得定，才是有用之学"，并向胡林翼举荐门下弟子——同样来自湘乡的将领李续宾。

曾国藩没有陷在失去爱将的悲痛绝望中，也没有放弃湘军，他开始命人不分昼夜造船，招募新勇扩充水军。

不久，湘军水师受到重创，陆师锐减，到了山穷水尽的绝境。但最终还是重新夺回长江水域控制权，为其后的胜局奠定了基础。

战争残酷，争夺激烈，局势瞬息万变，可谓真正的乱极，只有内心强大的人，才能在乱极中稳住心神，做出有利的决断。

情况越混乱，人的消极情绪越重，恐惧、无助、悔恨、绝望，无一不在影响人的精神状态，扭曲人的判断能力。

人生一世，谁也不知道何时会遭遇突发情况，但最明智的做法，永远是保持冷静。依靠内心的强大在"乱"中站稳脚步，熬过命运的疾风骤雨，才能成为人生赢家。

欲成事者，要学会自渡

人的一生，能陪伴自己走到最后的只有自己。虽然说，"在家靠父母，出门靠朋友"，但终究还是要靠自己。

按部就班的日子里，每个人看起来表现得都差不多。只有在极端情况下，能力、潜力和抗压力的差距才会真正显现。

曾国藩在写给罗泽南的信中提到："凡善弈者，每于棋危劫急之时，一面自救，一面破敌，往往因病成妍，转败为功。善用兵者亦然。"

用棋局比喻战局、比喻人生，再合适不过。善于人生博弈之人，遇到危难会选择自救，同时会想办法解决问题，摆脱困境，常常因逆境爆发出斗志，在完成自救的同时开辟出新的局面，转败为胜。

这样的反转，只有凡事懂得不依靠他人的人才能真正做到。自救不光是要守住阵脚，还要在夹缝中开拓，以求成功破局，一如舰船突破冰层，驶入开阔的海域，天地焕然一新。

高峰低谷，都需要自己经历，逢乱遇阻时能稳住自己，想办法自渡，才能走得更远，更顺遂。

关于自渡，有观音自拜而来的"求人不如求己"的故事。《论语》中有"君子求诸己"之语，洛阳白马寺门上对联写着"天雨虽宽，不润无根之草；佛法虽广，不渡无缘之人"。相传，佛祖释迦牟尼圆寂时的最后一句话是"当自求解脱，切勿求助他人"。若人不懂得自救，遇事自乱方寸，谁又能护佑他一生安稳？

关于凡事靠自己，曾国藩在同治元年（公元1862年）九月写给两个弟弟的信中这样总结："凡危急之时，只有在己者靠得住，其在人者皆不可靠。恃之以守，恐其临危而先乱；恃之以战，恐其猛进而骤退。"

关键时刻靠得住的人只有自己。靠别人，坚守时可能临危先乱，进攻时可能鲁莽前冲却急速败退，反而打乱了自己的步伐。因此，无论是带兵还是做人，都不能将希望寄托在他人身上。

曾国藩得出这样的结论，源于一次深刻的教训。当时曾国荃率领2万湘军在雨花台扎营，离太平天国的都城南京近在咫尺。

因为手中兵力不足，更担心城内的太平军与外省李秀成的部队联合夹击自己，曾国荃按兵不动。他先下令修筑工事，之后派人加急送信催促各方人马尽快驰援。

可是过了很多天，依然没有等来一兵一卒。

在镇江的李续宾父亲突然去世，他回老家奔丧，部下率军赶往南京，却和鲍超的部队一样遭到太平军阻拦，无法抽身。曾国藩只能寄希望于多隆阿的部队，几次催促恳请，多隆阿却未出兵。

从此，曾国藩牢记，危急之时，只有自己靠得住。

想要做成一件事，别人的帮助只是锦上添花，有，固然好，没有，也是理所当然。这世上最不可能丢下自己不顾的人恰是自己，依靠自己，不断磨炼，才能拥有自渡的能力。

自然界的法则有些残酷，被狮子咬住的角牛只有自己奋力挣脱，并逃出一段距离后，牛群才会帮助它继续逃生。

同样的，如果做到遇事能够自渡，乱中能够站稳，那时我们会发现，愿意伸出援手的人比我们想象中的多。

因为，他人再强大，也只能提供帮助，真正熬过难关的，永远是那个越发坚强的自己。

面对纷乱，守得住原则

面对纷乱，守得住原则，才真正站得住。

李鸿章的哥哥李瀚章这样评价曾国藩："其过人之识力，在能坚持定见，不为浮议所动。"对曾国藩来说，一旦认准一件事，就会坚持下去，他人的议论甚至是皇帝的旨意都难以让他内心动摇。

前文提到曾国藩在编训湘军水陆两军时，曾拒绝了咸丰皇帝下达的出省作战命令，而在著名的安庆会战期间，曾国藩也经受了不小的压力和考验。

制订围攻安庆的计划后，曾国藩受到来自多方面的反对和阻挠。

朝廷下令曾国藩放弃围攻安庆、援助他处，曾国藩力陈此计不可的原因。

外界的看法不同，纷纭议论也是一种"乱"，这种舆论上造成的"乱"会形成一种氛围，无形却有力，压得人脚步沉重，如芒在背，就算能忍住不低头，也会扰乱心神，出现失误。

在曾国藩的坚持下，湘军不惜一切围困安庆。陈玉成进攻武汉受阻后，只能折回安庆救援，却在转战途中战死，部队全军覆没，安庆以及安徽全境被湘军夺回，之后太平军多个城池相继落入湘军手中。

在变动中坚持判断，在"乱"中稳住心神，是逆境中最重要的能力。

曾国藩一路走来并不顺利，当弟弟在信中抱怨运气不好时，他便以自己为例进行规劝。

庚戌、辛亥年间，他被"京师权贵所唾骂"，后来又因多次兵败被骂，如长沙、岳州、靖港、湖口等兵败之时，他不禁引用谚语，称自己是"好汉打脱牙和血吞"："盖打脱牙之时多矣，无一次不和血吞之。"

逆境的"乱"，是外部环境与个人内心的双重考验。曾国藩认为在这种时候，"惟有一字不说，咬定牙根，徐图自强而已"。

正是这样的磨炼，让他有了坚守原则的勇气和对抗困境的底气，所谓"乱极时站得住"，依靠的不是固执，而是经历分合顺逆之后，能在一团乱麻中抽丝剥茧般觅得真相的见识，以及强大的内心。

没有人生而知之。我们往往会对未曾经历的事不知所措，这种时候试着静下心来，用之前的所学所遇去分析和判断，好过手忙脚乱地埋头苦干。

当你见多了"乱"，吞多了苦，自然也能心定人稳，遇百乱而不摇。

士有三不斗：毋与君子斗名，毋与小人斗利，毋与天地斗巧

　　士有三不斗：毋与君子斗名，毋与小人斗利，毋与天地斗巧。

　　曾国藩的家书中往往会出现金句，比如"三不斗"。"士"的含义经过多年演变，到春秋末年成为统治阶级中知识分子的统称，即有才智的人。这样的人，不会与德才兼备的君子比拼名声，不会去和唯利是图的人比拼钻营，也不会与天地自然比拼奇巧机智。

君子可交不可比

有才智见地的人，行事谨慎，待人得体，与不同的人相处，懂得用不同的方式。

古语云"君子之交淡如水"，明明是品德高尚的人，为什么就难以亲密相处呢？

孔子给出了解释："君子易事而难说也，说之不以道，不说也。及其使人也，器之。"意思是君子容易共事，但很难让他高兴，阿谀奉承、贪腐贿赂这样不按正道地讨好，甚至会惹怒他们。不过君子在用人的时候，总是量才而用。

曾国藩曾说："自古圣贤豪杰、文人才士，其志事不同，而其豁达光明之胸大略相同。"

君子虽然豁达，却也有自己的逆鳞，那就是名声。

对此，曾国藩在给郭昆焘的信中这样写："君子不恃千万人之谀颂，而畏一二有识之窃笑。"真的君子，不在乎众人吹捧的浮名，却在乎真正有识之士的嘲笑。

《说苑》中有："君子爱口，孔雀爱羽，虎豹爱爪，此皆所以治身法也。"

对君子来说，名声大于一切，就连曾国藩自己也说："功名之地，自古难居。"

君子以名自处，大多清高，不会与人比较，只是洁身自好、修身养性。他们觉得名声宛若洁白素缎，光彩照人，容不得一丝污渍。

前文提到曾国藩官至中堂时，故作清高的大儒写下一篇《不动心说》的文章，被幕僚李鸿裔写诗讥讽，曾国藩告诫李鸿裔，那些大儒中虽然有人空有虚名，但名声正是他们赖以生存的倚仗。

伪君子惯于沽名钓誉，将名声当作牟利工具，自然看得很重，而真正的君子，往往将名声看得不重要，却保护得很好，不愿去做有损名誉的事。

商朝末年纣王残暴，武王伐纣深得人心，孤竹君的两个儿子伯夷和叔齐，遵循礼法，笃信君臣之礼高于一切。他们无力阻止朝代更迭，只能相伴逃亡，遁入首阳山中，发誓不吃周朝一粒粮食，依靠采集野菜生存，最终饿死，为心中的原则和君子的名誉贡献了自己的生命。

君子的处世姿态是淡泊的，他们不会为了彰显名声宣传自己，也不屑与人争高下，因为在他们看来，争与比是小人行径，有悖于君子修养。

曾国藩家书中有这样的描述："君子欲有所树立，必自不妄求人知，始。"即一名真君子，如果想要有所建树，一定是从不求被人知道开始的。

如果去和君子比名声，只会贻笑大方。名声是外界对一个人的评价累积而成的，又怎么可能通过比较的方式决出高下呢？

遇到君子，最明智的做法就是有礼有节，无须刻意讨好，只要保持相互尊重，就事论事地相处，便能获得一份清淡如水却不会变质的友谊。

与小人斗，不如远离小人

诸葛亮在《前出师表》中写道："亲贤臣，远小人，此先汉所以兴隆也。"

无论何时，小人都让人避之不及。他们唯利是图，做事没有底线，手段阴损超乎常人想象。

曾国藩说："君子与小人斗，小人必胜。"小人为了达到目的，往往不择手段，特别是在利益方面。君子行事坚守底线和原则，做不到损人利己，也做不到谄媚阿谀他人，在与小人争斗时很难得胜。

与君子不同，小人凡事以利益为主，为了谋求利益，不惜伤害他人。若想与小人斗赢，只能采取更狠辣的手段，让自己也成为小人。

因此，最明智的方法就是远离小人，一旦发现身边有小人存在，一定要与他们拉开距离，不要陷入与小人的争斗，特别是在利益方面。

曾国藩人生后期官运亨通，常常遇到谄媚阿谀的小人，一遇到这种人，他总是匆匆离开，不与对方纠缠，也不听信对方的奉承。

古代官员品级和待遇规定森严，二品官员可以乘坐八人合抬的绿轿子，但曾国藩一向崇尚节俭，仍然乘坐之前的四人抬的蓝轿子。

只是按照惯例制，两乘轿子若相遇，蓝轿子要为更高品级的绿轿子让路，不然会被暴打一顿。

一次，曾国藩乘坐自己的蓝轿子出门，走在一条窄路上时，后面出现一乘绿轿子。本来他可以选择不让路，但曾国藩还是命人靠到路边。

然而，绿轿子仍没没办法通过。对方轿夫冲上前，掀起轿帘，揪出曾国藩当即打了他两个耳光。等绿轿子上的人露出脸，曾国藩发现对方是一个三品官员，而当绿轿子官员发现眼前的人是曾国藩时，吓得连忙跪下，大声道歉。

曾国藩没有恼火，反而扶起对方，让对方继续赶路。之后还叮嘱自己的轿夫，下次见了这个绿轿子，依旧要给对方让路。

明明是自己被打，曾国藩为何是如此反应？因为在曾国藩看来，对方品性不佳，他不愿与小人有瓜葛。

这个三品官员明明无权使用绿轿子，却不仅使用，还敢招摇过市，手下轿夫还敢动手打人，不守规矩、仗势欺人，这样的人若被是狠狠惩罚，必然会让他怀恨在心，伺机报复，从此多了一个敌人。

虽然曾国藩尽力避开小人，不与小人争斗，但善于识人的他还是吃过小人的亏。

同治三年（公元1864年），湘军攻破南京，曾国藩犒劳军队，休假庆祝。

这期间有人求见，此人衣着朴素，谈吐不凡，与曾国藩聊得非常投缘。

当说到官场中下属欺骗上司的行为时，曾国藩询问此人的看法，对方表示自己在军中多年，根据观察，被人欺骗这种事因人而异：像胡林翼为人精明，想骗也骗不了，左宗棠执法如山不留情，让人不敢骗他，接着他说到曾国藩，说他忠君爱贤，德才兼备，让人不忍心欺骗。

这个评价自然远高于胡林翼与左宗棠，曾国藩听完很高兴，将这个人奉为上宾。后来，这个人在闲聊中说到自己有购买军火的可靠渠道。

曾国藩便拿出巨款，托付对方代购军火。不料，此人离开后再无音信。

想起此人之前说过的不忍心骗自己，曾国藩悔之晚矣，只能连连叹息。即便如此，他还是没有下令搜捕和捉拿对方，只将此事当成教训，牢记于心，此后，再听到奉承话他便多加防备。

曾国藩的被骗经历，与孙膑被庞涓陷害，废掉双腿、经历牢狱之灾相比要幸运得多，但这也说明，小人难防。

遇到小人，与他们争强斗胜争不过，错信他们则会遭遇背叛和伤害，若想以牙还牙，反而可能损失得更多。

与人相处，道不同不相为谋，在意的东西不一样，就不要结伴而行，与其恨得咬牙切齿，以其人之道还治其人之身，把自己变成小人去争抢利益，不如吃一次亏从此记住，认清小人，远离小人。

依赖侥幸的人往往会踏入绝境

曾国藩是个自诩愚钝的老实人，"毋与天地斗巧"很好地归纳了他的处事原则。

老子《道德经》中对世间规律的定义是："人法地，地法天，天法道，道法自然。"曾国藩所说的"天地"就是天道，也是我们现在说的规律和法则。

"毋与天地斗巧"，即不要怀着侥幸心理，在万事万物的法则面前投机取巧、寻找捷径。踏实为人，谨慎做事，才真正靠得住。

《道德经》云："天地不仁，以万物为刍狗。"刍狗是用干草捆扎成形的狗，作为贡品使用。在老子看来，天地公平，对待万物没有差别，更不会偏袒谁，一切都有其法则。

平时考试作弊侥幸过关的学生，遇到大考只能眼睁睁落榜；

平时训练偷懒的运动员，参加大赛只能看着别人夺冠。

世间的事，是日积月累造成的。一时的意外收获可能会助长人们的侥幸心理，在轻松成为人生赢家的诱惑面前，很多人说着"这是最后一次"，却一次又一次重复相同的错误。

哲学家狄德罗这样描述侥幸心理："人生最大的错误，往往就是由侥幸引诱我们犯下的，当我们犯下不可饶恕、无从宽释的错误之后，侥幸隐匿得无影无踪。而我们下一个拿不定主意的时候，它又光临了。"

与公平残酷的天地规则斗心机，无异于把自己推入绝境。未来之所以是未来，正是因为无法预测。风雨明晦深藏其中，福祸皆有可能。明智的人不相信侥幸，无论何时，他们都会踏实做事，努力充实自己，紧随命运和机会前行。

曾国藩的一生，充分诠释了遇事不可侥幸、成事不可投机的道理。

咸丰六年（公元1856年），曾国藩坐困江西时，为了渡过难关，他不再指望别人派兵援助，而是亲自指导组织训练，教导将领如何带兵打仗，还特别写下《陆军得胜歌》鼓舞湘军的士气。

侥幸，是人们自以为聪明强大，想与天地斗巧时的心理，也是导致很多失败的根源。

一个人，只有拥有真正的实力，才能抵御命运的风雨。机巧只是一时的小聪明，并非穿越风浪的大智慧。

择交须择志趣远大者

择交是第一要事，须择志趣远大者。

选择朋友是人生中最重要的事，务必要注意选择志

趣远大的人，因为选择朋友就是选择了命运，这是曾国

藩对次子曾纪鸿的教导。

结交对自己有帮助的人

曾国藩曾说："一生之成败，皆关乎朋友之贤否，不可不慎也。"

人往往会受到环境的影响，而身边的朋友，就是一个相互影响彼此渗透的小环境。

有人说，离你最近的人，决定了你是谁。身边的人勤勉上进，我们也会受到影响一起拼搏向上，身边的人若是闲散怠惰，我们也会跟着丧失斗志，耽于玩乐。

每个人一生都会有不同的选择，而择交，正是要寻找那些人生选择高远的人。

如果一个朋友让我们的人生黯然失色，越发失去热情，说明他不是理想的伙伴。真正对自己有帮助的朋友，是那些让我们发出更大光亮、发掘更多潜力的人。

曾国藩在进京赶考时，结识了志向相投的刘蓉与郭嵩焘，他们后来都成为曾国藩在政治和军事方面的重要助手。而在30岁时，曾国藩走入了自己人生最重要的分水岭。入京为官的他不仅在仕途上扬帆启航，也正式踏上了持续一生的自我修行之路。

最初进京做官时，曾国藩住在城外，朋友吴廷栋一定要他搬进城中。于是，曾国藩开始接触到当时更多的顶尖人才。

在写给弟弟们的信中，曾国藩兴奋地介绍着自己的朋友们："京师为人文渊薮，不求则无之，愈求则愈出。"信中列举了十几个人，都是在各方面有心得建树、值得钦佩的学者。

这些人都崇尚理学，为人恪守原则，严于律己，待人真诚，治学严谨，与曾国藩之前接触的朋友大不相同。

"近年得一二良友，知有所谓经学者、经济者，有所谓躬行实践者，始知范韩可学而至也，司马迁韩愈亦可学而至也，程朱亦可学而至也。"

直到结识这些人，曾国藩才明白，只要坚持不懈地自我提升，韩愈的文学高度、二程的理学深度都是能够达到的，这让曾经一心谋取功名、光耀门楣的曾国藩开始反思自己的言行，检讨自己的不足。

"慨然思尽涤前日之污，以为更生之人，以为父母之肖子，以为诸弟之先导"，从此曾国藩洗心革面，开启了自我修养的漫漫长路。

一个人的成长，宛如弱竹，如果独自生长只会东倒西歪，但若是生长在竹林中，周围竹子都笔直生长，为了争夺阳光，弱竹自然也会长得很直，这便是"夹持"之功。

曾国藩在这些益友的"夹持"中不断成长。"盖城内镜海先生可以师事，倭艮峰先生、窦兰泉可以友事。师友夹持，虽懦夫亦有立志。"

曾国藩不仅与这些人整日探讨学问，还学着倭仁坚持每日写日记，锻炼恒心，并将日记送给朋友们阅读和评点，用众人的眼目，监督自己不要故态复萌："盖明师益友，重重夹持，能进不能退也。"

曾国藩的一生，无论是处事还是修身方面，受倭仁的影响极大，很多习惯都是从倭仁那里学习和借鉴的。

他用自己的一生证明了，一个不够聪颖机敏、脾气又暴躁好胜的人，也可以通过陶冶变化成为人们眼中的高人：暴躁的脾气可以练就成清风朗月一般的圆通镇定，懒惰不专的品性亦能磨砺成勤奋有恒。

这些，正是朋友们带来的帮助和改变。孔子云："无友不如己者。"朋友，一定要选择对自己有帮助的，不只是经济、生活、学习、事业上的帮助，更是精神上的提升。

出于虚荣或是自卑，人们往往不愿和更优秀的人做朋友。残酷的是，如果我们长久处在舒适的交友圈中，和相近的人相处，就无法接触自己不了解的人，更不可能获得真正的成长。

结交对自己有帮助的人，并非势利的行为。

每个人都应当为自己的人生负责，我们所处的环境，最终决定着我们会树立怎样的理想，取得怎样的成就。

请记住，成功是一种磁场，失败也是。

未来，要和懂得提升自己的人做朋友，要与能激励自己的人一起走。

交友如择爱，宁缺毋滥

人有高下之分，朋友自然也是如此。交友宁缺毋滥，学会选择益友，不要因为无聊随意结交朋友。

朋友不重数量，有再多的朋友，如果全是酒肉之徒，也很难对自己有帮助。

曾国藩在京城结交的那些朋友，之后几乎全部成为朝廷重臣、大学者或者名士，可以想象有他们在朝中，曾国藩能得到多大助力。

因为自己受到朋友很多帮助，曾国藩更加重视交友，无论是写信给弟弟和子侄，还是写信鼓励好友儿子奋发努力，他都不断提到"择友则慎之又慎"，并传授识别和区分人才高下的方法。

"人才高下，视其志趣。""盖士人读书，第一要有志，第二要有识，第三要有恒。"

志趣不同，起点不同，导向不同，最终天差地别，人与人之间的高下贤愚，就这样分开了。

如果随意交友，自己的人生很可能被损友影响，偏离原本的正道，因此在交友这件事上，曾国藩引用了韩愈的话："善不吾与，吾强与之附；不善不吾恶，吾强与之拒。"即好的事物不与我一起，我也要努力靠近，不好的事物我虽然不讨厌，也要强行抗拒。

轻松快乐地娱乐谁都喜欢，慵懒闲适的生活谁都渴望，但这正是"不善"，需要强行拒绝，朋友也是如此。

三国时期的管宁与华歆两人自幼就是好友，行事作风却完全不同。耕地时翻出金元宝，华歆有心想偷偷带走，但他发现管宁不为所动埋头干活，只得放弃了这个念头。

一天，两人坐在一起读书，门外经过一队官兵。管宁静坐如故，华歆却起身跑了出去，站在街上看热闹。

等官兵走远华歆才回来，却仍在回想官兵的帅气模样。管宁听后抽出佩刀，挥手将两人同坐的席子割成两半，告诉华歆："子非吾友也。" 这便是历史上著名的割席断交。

好的朋友是无尽的宝藏，在交往的过程中会照亮我们的人生，相处越久越值得珍惜；坏的朋友却会将我们拖入浑浊污水，相处越久越难挣脱。

物以类聚，人以群分，人们往往通过一个人身边的朋友，来判断这个人的人品和为人。

随意结交那些不分是非、昏庸懒散的人，久而久之，他们的样子，就是我们未来的样子。

鲁迅在赠给瞿秋白的对联上写道："人生得一知己足矣，斯世当以同怀视之。"

一个人能否成功，是否快乐，能不能最终在社会上体现自己的价值，与他拥有朋友的多寡无关，却与朋友的品质好坏有关。

即便是浮云也能遮住朗朗白日，那些酒肉朋友挡住的是通向优秀的道路。

择交须择志趣远大者，宁缺毋滥，让自己身边留出足够的空位，当你足够优秀时，自然也会吸引相似的人靠近。

生活不易，我们往往要选择低头，但在自己能决定的事情上，在影响自己一生的选择上，还请别低头，尽可能挑剔一些。

选择朋友也是选择命运

"近朱者赤，近墨者黑"，朋友之间对彼此发展的影响远比人们想象的大。朋友决定了我们所处的圈子，而圈子影响命运，选择朋友，某种程度上就是在选择命运。

当今社会行业不断增加和细化，没有人能样样精通，但可以通过结交不同行业的朋友，填补自己某些方面的不足。好的朋友不仅能够分享快乐，分担痛苦，还能在彼此的事业上扶持和帮助，共同进步。

唐代诗人贾岛曾说："君子忌苟合，择交如求师。"曾国藩则反复告诫兄弟："但取明师之益，无受损友之损也。"

一个人无法选择父母兄弟，却能自主选择朋友，曾国藩结交的朋友，多是对自己有所裨益的人，在他看来，择友决定着人一生的成败。

在众多良师益友中，唐鉴和倭仁对曾国藩的帮助极大，可以说他们直接影响了曾国藩的命运。倭仁对曾国藩的帮助和影响是在修身方面，而唐鉴的帮助则体现在曾国藩的仕途上。

唐鉴深得咸丰皇帝信任，太平军起义后，告老还乡的唐鉴被召入京，商议大计。

面对当时的形势，他举荐曾国藩为湖南团练大臣，称赞"曾涤生才堪大用，为忠诚谋国之臣"。

在咸丰皇帝面前，唐鉴甚至用自己一生的名望担保，请皇帝相信曾国藩必成大事。在唐鉴的保举下，咸丰皇帝决定启用正在湖南原籍为母亲守孝的曾国藩。

唐鉴保举曾国藩自然是一片好心，但接到命令的曾国藩却陷入两难。

收到母亲去世的消息，曾国藩正在前往江西就任乡试正考官的途中，返回湖南时，长沙已经被太平军围困，回到家后更是听闻太平军节节北上、形势紧迫的消息。

就在这时，曾国藩接到办团练的谕令。最初曾国藩不愿出山，一是因为孝道，二是因为自己是文官，不懂兵法，一旦处理不善，自己怕是连命都要丢掉。因此，他写信写奏折诚恳推辞。

最终由郭嵩焘请湘乡市挂名团总的曾父出面，命令曾国藩"移孝就忠"，为朝廷效力。

就这样，曾国藩上应皇命，下遵父命，将守孝的事交给弟弟，身披黑色丧服出山。

曾国藩从不愿领旨到最后出山，主要得益于朋友们的劝说。

人生中，每个人都会遇见至关重要的抉择时刻，曾国藩的幸运，是他拥有很多为他着想的朋友，帮他做出更加正确的决断。

如果没有朋友们的极力劝说，他很可能一开始就放弃办团练；如果没有朋友们后来的鼎力辅助，他很可能在某次战败后一蹶不振，再无翻身的机会。

曾国藩的命运在朋友的影响下不断改变，从脾气急躁、多言易怒的人，成为处世圆通练达的智者名臣。

孔子曰："益者三友，损者三友。"同耿直、诚信、博学多才的人交友对人有益，同谄媚逢迎、表面柔顺内心奸诈、花言巧语的人交友则对人有害。

值得信任的朋友，会在你落入危难时奋力施救，品性自私的朋友，则会落井下石，甚至会直接把你推向险境。

在某个寓言故事里，一对朋友在森林中遇见熊，其中一个人迅速穿上跑鞋，为的只是跑过身边的朋友，逃离熊的伤害。交友不慎，真可怕。

交友，要选择"志趣远大者"，从我们自身来考虑，这样的朋友能影响和监督我们向更好的方向前进，从对方身上考虑，志趣远大的人有长远的目光，不会为一时利益蒙蔽，也不会因一时胆怯而退缩。

为了自己的未来，宁与淡如水的君子结交，因为你不知道，选择小人做朋友，会为自己带来怎样的命运。

抱残守缺，不求完美

岁燠有时寒，日明有时晦。

气候温暖的时节，也存在寒冷的日子，日光很明亮，

却也有光线晦暗的时候。世间万物都不可能完美，做人

也是一样的道理。

不求完美才是真正的知足

"岁燠有时寒，日明有时晦"，出自曾国藩的《忮求诗二首·不求》，也是他的家训。

这首诗第一句就是："知足天地宽，贪得宇宙隘。"在曾国藩看来，一个人如果能力不足，欲望却太多，终究会引来祸端。

《道德经》中说"大成若缺"，指世界上没有最完美的事，再完美也会有缺陷。

不求完美的人，往往更容易正视自己的缺点，并且不断改正。

曾国藩的一生，也一直践行着抱残守缺、不求完美的处世原则。

年轻时的曾国藩就意识到自己无论是长相还是性格都不够完美，个子不高，长着一双三角眼，性格愚钝："眼作三角形，常如欲睡，而绝有光，身材仅中人，行步则极厚重，言语迟缓。"但他没有抱怨，反而换了一种思维。没有出众的长相，可以避开众人的关注，静心修习；性格不合群，可以慢慢修正，力求遇事沉稳，处变不惊。

曾国藩曾数次落榜，但他并不认为自己怀才不遇而为此怨天尤人，而是潜心在自己身上寻找原因；科举连捷后入京为官，进入翰林，虽是好事，但翰林文官俸禄微薄，他一度陷入困窘，不得不借钱度日，即便如此，他依旧为自己能入京为官、结识众多良师益友感到知足，并写信敦促弟弟们努力学习，鼓励他们尽快入仕。

后来宦海浮沉，有人欣赏保举，有人打压猜忌，但曾国藩却坚守到一地便安守一地，做一事便专注一事。

人们看曾国藩，往往只注意到他身上耀眼的成就，他身为文官却能打造出强盛湘军，功名盛大却能安度晚年，但在这些成就背后，人们忽视了的是他也有许多的坎坷。

湘军水师曾在江西几近覆灭，战斗中曾国藩不仅损兵折将，自己更是数次身处绝境。功名盛大的另一面，是曾国藩和曾氏一家坚持多年的勤俭和低调，没有钟鸣鼎食和绫罗绸缎，在曾国藩的监督和教导下，曾家放弃了大部分功臣高官家眷的生活，用清苦来成就功名的完美。

俗话说"衣锦好还乡"，有了官位和名声，多数人会选择回家乡风光炫耀，但曾国藩秉承着抱残守缺的原则，他相信"人无千日好，花无百日红"，再繁华，再风光，也会消散。

他研究《易经》，得出了万物有盈虚的道理。"察盈虚消息之理，而知人不可无缺陷也。日中则昃，月盈则亏，天有孤虚，地阙东南，未有常全而不缺者。"

他认为做人也不可能全无缺陷。曾国藩的知足，体现在很多方面。科举考中做官，他知足；带兵胜利，他知足；最初做官手中无钱，后来家境逐渐优渥，他更知足。

太过追求完美的人，是逆天而行。人们懂得花不能常开，月不能常圆，却往往不懂得世间人与事也不可能完美。

春秋末期周朝日渐衰弱，诸侯纷纷独立。晋国实力较强，六位上卿中，智伯野心勃勃想扩展自己的势力，他先是联合韩、赵、魏三家上卿攻打中行氏，强占土地，几年后又强迫韩与魏割地，势力日益壮大。

但智伯的野心并没有停止，很快他要求赵襄子割让土地，他的这一无理要求自然遭到了拒绝。为了强夺，智伯胁迫韩、魏一同讨伐赵，两军在晋阳对峙三年。

最终，赵襄子采用谋士的计策，说服韩康子与魏桓子二卿联合，夜袭智伯，智伯被杀，而晋国也从此分为韩、赵、魏三国。

在之前的较量中，智伯已经得到极大利益，但他妄想尽快达到更完美的状态，掌控更大的地盘，最终被自己无止境的贪心和对权力的渴望害死。

明代心学大家王阳明曾说："减得一分人欲，便是复得一分天理。何等轻快脱洒，何等简易！"

真正的知足，不是甘于末流不求上进的自我安慰，而是虽然认真努力，却懂得凡事不求完美，有这种心态的人往往能远离焦躁，更不会因为贪婪和冒进做出错误判断。

渴望完美，是一个人不切实际的幻想和欲望，减少这样的欲望，才能更加看透天理，悟透万物规律，真正感受到轻快洒脱，获得内心的自由与平和。

凡事追求完美，才是烦恼的根源

世事难料，每个人都会遇到不顺心的事，却往往有着不同的反应。

当一件事没有达到预期的结果，无法如愿时，追求完美的人会感到痛苦、难过，生出很多烦恼。

有人曾说："追求完美是人生至苦，因为人生总有求而不得。"

完美的含义是形容一件事做得完备、美好，没有缺陷，也延伸为完全理想的状态，但是，这种理想状态不仅要符合客观标准，还要符合人的主观要求。

众口难调，任何事都不可能让所有人满意。再高级的甜品，送给不喜欢甜食的人也不算完美，有些事选择了一面，就不能兼顾另一面。

在追求完美的过程中忽略取舍，一心想面面俱到，自然会生出无限烦恼。正如曾国藩《忮求诗二首·不求》中所写："于世少取求，俯仰有余快。"

在自我提升的道路上，每个人都可以追求完美，也就是曾国藩所说"自修处渴望强"，但苛求完美，追求没有遗憾的人生，只会让我们有更多的烦恼，感到更加疲惫失望。

后人眼中的曾国藩人生平顺，可是，他的一生中也有许多坎坷，只是因为曾国藩不以这些事为憾，而是将它们看作是必要的取舍，才活得那么通透。

功名鼎盛时懂得藏敛锋芒，便是体现他不求完美的最好证明。

同治三年（公元1864年），清军攻破太平天国的首都天京。作为主力湘军的领袖，曾国藩和弟弟曾国荃的功劳不言而喻，但曾国藩在报捷的疏文中，却将官文的名字写在最前面。

官文素来与曾氏兄弟不和，前文提到在曾国荃驻军雨花台形势危急时他曾坐视不理，如今曾氏兄弟立下赫赫战功，湘军威名大振，曾国藩却将最大的荣耀拱手让给官文，后来又主动裁撤湘军，让很多手下不解，却不知曾国藩这是以退为进。他将首功让人，既显出了他的大度，缓和了同官文的紧张关系，也摆明了他不贪功的态度，换取到了自己和兄弟日后的平安。

人生原本艰难，凡事完美的人生是不存在的。国学大师季羡林说："每个人都争取一个完满的人生。然而，自古及今，海内海外，一个百分百完满的人生是没有的。所以说，不完满才是人生。"

真正的智慧，不是拼命追求凡事完美，而是能够接受生活的不完美，接受自己的不完美，懂得取舍，怀着抱残守缺的原则，不断努力提升自己。

人生固然不会完美，但永远可以变得更好。

不苛求完美的人，才真正受欢迎

凡事不求圆满，在古代便是高明的处世智慧。传说明代早期，"御窑厂"烧出九龙杯进贡给洪武皇帝朱元璋，朱元璋很喜欢九龙杯，后来常常用它盛酒赏赐大臣。

一次宴会，朱元璋有意奖赏几个心腹大臣多喝一些，便命人为他们斟满御酒，而给平时直言进谏的大臣则斟得很浅。

结果，那几个心腹大臣的酒因为倒得太满，全部从九龙杯的杯底漏尽，倒得少的反而没事。

朱元璋后来得知，九龙杯的设计精巧，一旦酒水过满便会全部漏尽，可以说是最公道的容器。于是，朱元璋便将此杯赐名为"公道杯"。

古代工匠们正是本着"水满则溢"的道理，利用虹吸原理设计出"公道杯"的，以提醒人们牢记"知足者水存，贪心者水尽"的道理。

与其费尽心机追求完美，不如接受不完美，聪明处世。

曾国藩不仅将不求完美当作自己的座右铭，还特别将自己的书房命名为"求阙斋"。"求阙"意为"求缺"，提醒自己凡事不可追求过分圆满，有缺欠、有缺憾才能得始终。

老子云："知足不辱，知止不殆。"曾国藩最喜欢和崇尚的话便是"花未全开月未圆"。在他看来，苏轼所说"守骏莫如跛"大有道理。照顾良驹，要像对待劣马一样精心呵护。任何事都是如此，骏马一味狂奔，注定也会被绊倒，人太贪求美名，注定日后也会被人侮辱。

因此，他以"求阙"为书房取名，时刻提醒自己有意保留和求取缺陷与不足，切勿妄图事功圆满完美。

完美如同陷阱，多数时候来源于主观臆想，因此也没有标准和限度。

生活中的完美主义者一般分为三种类型，第一种是对自己严格要求，设立极高标准；第二种是对他人要求极高，苛求完美，不能容忍他人犯错；第三种则是为了满足他人期待，时刻要求自己保持完美。

苛求自己完美的人，目标过高，无法达成时又易怒易暴躁，很难相处；苛求他人完美的人，挑剔又跋扈，伤人自尊招人厌恶；为了满足他人保持完美的人缺少自我，无法吸引真正欣赏自己的人，一旦出现差池还会陷入自责，封闭自己。

追求完美的过程本就艰难，很多人因为无法达到目的而怨愤嫉妒，走向偏激，导致与他人无法融洽相处。

人生不可能处处圆满，伟大的人也是如此。

清朝的乾隆皇帝自称"盛世武功十全老人"，自认为是中国历史上最完美的皇帝，他虽然创造了康乾盛世的最高峰，却也因为大兴土木和六下江南将国库耗尽，而下级官员效仿乾隆，好大喜功，浮夸奢靡，导致贪污腐化日益严重，从为君表率的作用上看，乾隆反而不如刻苦勤俭的雍正皇帝。

月盈则亏，天道忌盈忌满，做人做事亦然，曾国藩也将此作为人生信条，躬身践行。这让他在身居高位后，不会过分苛责手下，也让他在战功加身时懂得急流勇退，保全性命以及家族平安。

凡事求缺不图完美，不仅让曾国藩一点点改掉曾经暴躁的脾气，日趋通达，更让他成为受人欢迎和敬重的贤人。

一个真正受人欢迎的人，必定性情和顺，为人豁达。能容人，亦能理解人。而这样的一颗平常心，只有不苛求完美的人，才能真正拥有。

天地之道，刚柔互用，不可偏废

　　近来见得天地之道，刚柔互用，不用偏废，太柔则靡，太刚则折。

　　这是曾国藩劝诫弟弟的话，天地之间，万物都讲究刚柔并济，不可偏于其中一项，更不能废弃不顾。物与人，太柔则容易披靡倒伏，太刚则容易折裂，就是说，太柔和太刚都不会有好的结果。

适时进退才是人间至理

太极阴阳，事有两面，处世也要刚柔并济。

同治元年（公元1862年），曾国藩的两个弟弟屯兵在南京城外，准备对太平天国的首都发起最后的围攻。当时曾国荃与曾国葆各有官阶，分别领兵二万和五千，曾国藩自己已是协办大学士、两江总督，节制四省军务。

这时的曾氏一门可以说是鼎盛兴旺，几近盈满。这样的情况也让曾国藩警醒，他写信提醒弟弟们谨记盈虚之理，小心谨慎，以免招致祸端。

但两个弟弟对此不以为然，认为当时的情况是"势利之天下，强凌弱之天下"，曾国藩于是再次去信，阐明万物刚柔互济的道理。

曾国藩所谓的"刚"，并非暴戾强势，而是强健刚毅的自立，柔也并非柔弱卑微，毫无主见，而是懂得谦逊。需要坚持时有刚猛之气，不屈不挠，一心为公，在名利面前要学会急流勇退，才能让自己处于万全之地。

一个人最好的状态，就是内心强势刚正，待人接物、举手投足却温和宽厚，稳中带刚，不卑不亢。

曾国藩曾写过一副对联："养活一团春意思，撑起两根穷骨头。"这是提醒自己待人接物要注意和缓，但内心却要保持方正。

刚入京为官时，曾国藩身上只有"刚"，经受挫折后才渐渐领悟"太刚易折"，于是他将这份刚直收向内里，转化为意志，支撑自己的内心，对外却越发柔和圆通。

在家信中，曾国藩指出，既然领命率军，身处功利场中，便应该专注于此，用心且有进取心，如商人趋利，纤夫上滩，勤勤恳恳地追求成绩，这是所谓

"刚"。除此之外，生活中应当保持豁达冲融的气息，这既是一种调节，也是一种绝妙的平衡。

事实上，曾国藩就是这样做的。

自幼受到家训影响，认为做人以懦弱无刚为大耻。带兵期间，咸丰皇帝不止一次下达指令，比如前文提到的催促他率领湘军出省作战，比如命他停止围困安庆驰援江浙，都被曾国藩据理力争地驳回了。

曾国藩的"刚"，体现在他认清战局后的四次抗旨，他的"柔"则体现在不争功名、急流勇退上。

作战期间，曾国藩因为是汉人出身，屡遭猜忌。在第一次攻克武汉后，得知消息的咸丰皇帝赞扬了几句，近臣却说："如此一个白面书生竟能一呼百应，未必是国家之福。"

曾国藩知道自己遭人猜忌，因此借父亲去世，带着两个弟弟辞去军务，回家守孝，直到一年后朝廷再次请他出山。

战争结束之后，曾国藩在论功行赏的上奏中，将一向与自己不和的官文写在第一列，然后主动提出卸去部分兵权，又主动裁撤4万湘军，并开始加盖贡院，提拔江南学子，为此出钱出力。

他的这些"柔策"，让官员们对他交口称誉，也取得了朝廷的信任，加官晋爵，子孙承袭。

本性"刚直急躁"的曾国藩，通过勤奋学习、刻苦修炼，改变了自己的性格，最终逃脱了功高盖主的命运，荣宠至极，他向世人证明，学会刚与柔，适时进退，才是真正的处世之道。

温和是底线和原则之上的修养

"狭路相逢勇者胜""一鼓作气，再而衰，三而竭"，这些古语都在教导人们做事要有刚勇之气，但有些事不是硬拼就一定能成功的。

一个人最好的修养，是在坚守底线原则的前提下，遇事宽容，举止温和。一个人刚直不难，难的是在刚直之上，还能做到"柔"。

在社会上生存，往往需要一定的"柔"，也就是能屈能伸。一个人只懂得"伸"，很容易得意忘形，自讨苦吃；一个人如果只知道"屈"，最终只会委曲求全，越发自卑。

在很多人处心积虑争抢利益的环境里，人们往往呼吁与人为善，却忘了提醒一句："一个人的善良，要带点锋芒。"

突破了原则和底线的柔，不是善良与温和，先礼后兵的重点从来不是"先礼"，而是"先礼"不成还可以出兵发难。

所谓的以柔克刚，需要的是内刚外柔，如果少了原则和底线，"柔"就像没有"后兵"的"礼"，毫无力量。

清朝有一名悍将叫刘铭传，他拉起一支队伍，后来被李鸿章招募，加入了淮军，他手下的"铭军"装备了洋枪洋炮，是淮军中不可缺少的战斗力。

刘铭传功劳不小，人也很狂妄。后来，曾国藩借用淮军，李鸿章趁机将"铭军"拨去，希望曾国藩能帮忙管教一下刘铭传。

战斗中，"铭军"与曾国藩手下悍将陈国瑞的部队发生争斗，曾国藩考虑到刘铭传是李鸿章的手下，没有给他实质性的责罚，只是极为严厉地斥责了刘铭传，让他生出敬畏之心。之后不久，"铭军"被派往安徽独立作战，刘铭传大显身手。

陈国瑞与刘铭传完全不同，他为人倔强暴躁，作战骁勇有谋略，因为没读过书，对名儒很尊重，平时喜欢听人讲《孟子》。

曾国藩为了收服陈国瑞，先是历数他的劣迹暴行，接着表扬他勇敢又不好财色，可堪大用，之后谆谆教导，告诫他不要因为莽撞自毁前程，还为他定下不扰民、不私斗、不抗令三条规矩。

先抑后扬的"柔"，让曾国藩成功收服陈国瑞。但是，陈国瑞禀性难改，很快再次抗令。曾国藩立刻请旨撤去了陈国瑞的军职，责令他戴罪立功，并警告他如果再不听令就逮捕查办。

最终，曾国藩用两种不同的方式制服两员悍将，可以说是真正的刚柔并济，先礼后兵。

一个人如果太过强硬，会不好与人相处，导致人心向背，这种事在古代帝王身上时有发生，因此很多皇帝都懂得采取怀柔政策，笼络人心。

历史记载，清朝的雍正皇帝极为刻苦朴素，而且要求官员们也要节俭，但官员们并没有抱怨，反而很拥护他。

这是因为雍正特别规定，朝廷内外大臣均享有"养廉银"。这个规定可以解决地方官员收支不平衡的问题，贴补各地官员家庭以及衙门公署的开销，极大地改善了官员们生活，腐败现象也得到减轻。

雍正皇帝虽然自己节俭，但赏赐大臣时却很大方，新调入京城的军机大臣，雍正命人为其修建府邸，基本摆设俱全。他体恤官员，朝中大臣生病了可以不上早朝在家休养，还曾将几位大臣年迈的母亲接到京城安置。这些举措，都让政策要求的"刚"得到"柔"的缓冲，刚柔并济，达到很好的效果。

心怀大志的人，往往拥有强大的意志和刚直的秉性，这些品质能得到他人的信赖和敬佩，却很难建立融洽的关系。这时，建立在原则与底线之上的温和宽厚，就是与人相处最好的润滑剂。

带着锋芒的温柔，建立在刚直之上的温和，是一个人需有的处世修养。

深谙世故的人懂得两手准备，灵活协调

道家一向认为，万物相生相克，阴阳互补，曾国藩对刚柔的看法也是如此。"不足用补，有余用泄"，相互协调。

一个人不可能一直刚柔并济，做到事事尽善尽美。谁都有刚或是柔的地方。

以强者自居的人，为人处事时往往表现得颐指气使，咄咄逼人；行事不够果断的人，因为缺乏刚强之气，常常受人欺压。

只有灵活调节，将二者结合在一起，适时进退屈伸，做到当刚则刚，当柔则柔，才是能成事的要诀。

曾国藩带兵多年，军中往往刚勇之气过盛，他既要刚，做到能在气势上压住手下将领，又需要适当地柔，让下达的命令达到理想的效果。

为了不让湘军像清军一样腐化懈怠，曾国藩率领湘军时军纪严格，赏罚分明，他常常引用孙武演兵杀宠姬、诸葛亮挥泪斩马谡等故事来说明军纪的重要性。

李元度是塔齐布和罗泽南去世后曾国藩手下最得信任的将领，曾国藩自称与李元度的情谊始终不渝。可是，当李元度没有听从曾国藩的告诫坚持固守，反而出城迎战痛失徽州城后，曾国藩不顾众人反对求情，亲自上疏弹劾李元度。

经过此事，麾下众将也看清曾国藩的铁面无私，彻底相信军法无情。

在严厉的另一面，曾国藩对待将士也颇为用心。

当湘军连续攻克湖南岳州、湖北武昌与汉阳两镇，曾国藩便开始考虑如何嘉奖将士，振奋军心。

按照惯例，率军将领会按功升官领赏，但这是来自朝廷的提拔，名额有限。一番苦想过后，曾国藩命人打造了100把做工精良的腰刀，并在刀面刻上"涤生

曾国藩赠"，每一把腰刀上还刻有专属编号。

到了颁发前，曾国藩又临时决定只颁发50把腰刀，减少数量，彰显立功军官的身价。

在近400名军官的见证下，曾国藩举行了隆重的授刀典礼，那种腰刀从此成为湘军中的独特奖励，也成为一众将士渴望获得的至高荣耀。

灵活运用刚与柔，避免用单一的方式待人接物，能让一个人游走于更多人中间，受到人们的欢迎，得到更多人的帮助，而不是限于某一种极端，最终孤立无援。

凡事做两手准备，亦刚亦柔，刚柔并济，才能应对更多情况，解决更多问题。

物来顺应，未来不迎，当时不杂，既过不恋

物来顺应，未来不迎，当时不杂，既过不恋。

已经发生的，任它顺其自然地发展，以平常心坦然对待；尚未发生的，不必费心忧虑，杞人忧天，不如活好当下；身处纷乱中时，要心无旁骛、了无杂念地去面对，等到事情过去后，也不必怀恋。

保持"静气"是成事的关键

杰克·霍吉在《习惯的力量》中写道："思想决定行为，行为决定习惯，习惯决定性格，性格决定命运。"

面对一件事的态度，取决于一个人的性格，处理一件事的方法，取决于一个人的格局。世间三千纷扰，人心难定，"每临大事有静气"，才是成事的关键。

著名国画大师齐白石原本是一名木匠，当有人问他是如何成为一代绘画名家的时候，齐白石回答："作画是守静之道，涵养静气，事业可成。"

做一幅画尚且需要凝神"静气"，人生漫漫，其中的人与事比画作复杂得多，更需要能守住"静气"。

临大事而有静气，既是指临危不乱，也是指遇事能忍。

《论语》云："小不忍则乱大谋。"成功中往往藏着必然，也得益于偶然，但最终获得成功的，往往是性情沉稳持重的人。

能忍住冲动，保持内心平静理智，是一个人真正成熟的标志。

从古至今，能忍者大多成为笑到最后的人。勾践善忍，"三千越甲可吞吴"；孙膑善忍，最终迫使庞涓于马陵道自杀；司马懿善忍，多年蛰伏成就家族霸业。

想要保持"静气"，遇事能忍，大事能静，需要的是一颗平常心，需"物来顺应，未来不迎"。

入京初期，曾国藩可以说是"好勇斗狠"，人刚正，脾气也相当火爆，这也让他受到同僚的排挤和冷眼。

失意之间，曾国藩结识了唐鉴，唐鉴劝他学会"静"，只有人静，心才能静，心静了，才能自查自省。

结识倭仁后，曾国藩开始每日静坐半个时辰。这段沉静的时光，平息了他之前急躁时的怒气和怨气，理清凌乱的思绪，气定神闲后，那些因幕僚之争与政见不合引发的不满，也渐渐消散。

佛语有云："静能生慧，慧能生智。"反观那些被怒气冲昏头脑的人，往往表现得宛若失智一般，更做不到"物来顺应"。

现代文学家郭沫若曾前往日本留学，归来后患上严重的神经衰弱，情绪低落，记忆力减退。对学术研究者来说，这无疑是致命的打击，因为不良的情绪会直接影响身体，也侵蚀他的文字和思想。

经过一段时间的消沉，郭沫若受到王阳明与曾国藩事迹的启发，每天清晨起床后、夜晚临睡前静坐30分钟，渐渐地他走出了阴霾，不仅在学术上登峰造极，更是消除了身体不适带来的影响，健康长寿。

静下来，回归平常心，才能坦然面对人和事，做出正确的选择。

物来顺应，并非消极地逆来顺受，而是要用平和的心态面对不能改变的事实，用更客观的情绪解决问题。不为外物所扰，更不因得失悲喜。只有这样，才能成就大事。

瞻前顾后是人性的弱点

孟子云："鱼，我所欲也；熊掌，亦我所欲也。二者不可得兼，舍鱼而取熊掌者也。"

人的一生将面临很多选择，就算明知很多事只能二选一，人们也往往贪心地渴望两者兼得。如既想回避风险，又想获得最大利益。

因为害怕损失，很多人在面对选择时犹豫不决、瞻前顾后，害怕未来无法想象的变数，又担心错失眼下的机会。

人们往往会忽略一个事实：在选择面前过多的犹豫，本就是在浪费时间，甚至是浪费机会。

很多人害怕错误，是惧怕承担后果。但是，做错了尚且可以改正，也会积累失败的教训，而如果什么都不做，很难有什么进步，甚至会留下遗憾。

有人说："令人遗憾的往往不是你做了什么，而是你什么都没做。"

在一去不返的光阴里，做错的都是回忆，没做的全是遗憾，而这些遗憾都源于瞻前顾后。

面对人生大事，不是每个人都能迅速做出决定，但优秀的人终究会意识到犹豫无用，因为未来的种种意外无法预测。

就像董必武的题诗："古云此日足可惜，吾辈更应惜秒阴。"与其在人生的转折点上瞻前顾后，空耗光阴，不如勇敢直面当下，做出选择，努力施行。

也许是因为自觉愚笨，曾国藩做事极为踏实，更懂得专注和坚持。

在给弟弟的信中他告诫弟弟，也是警示自己："凡人为一事，以专而精，以纷而散。荀子称耳不两听而聪，目不两视而明，庄子称用志不分，乃凝于神，皆至言也。"

做任何事，须以专注为准，专心致志地做一件事，专心致志地对待当下的瞬间。

如果做一件事，不去想眼下如何做好，而是想着过去的失误和之后的困难，那既不能弥补过去、改变未来，也会错失当下的时间和机会。

三心二意自然不可，瞻前顾后也同样是成事的大敌。一个人瞻前顾后，除了过于谨慎外，也有可能是缺少坚定的意志，心中没有明确的目标。这样的人往往做事敷衍，缺少雷厉风行的行动力，也缺少对自己决策的信心。他们平日优柔寡断，说不清自己想要的是什么，也不知道最重要的是什么，等到失去了，又觉得错过的才是最重要的、最美的存在，可以说是既在当时杂念丛生，又在过后念念不忘。

曾国藩一生喜欢藏书。

道光十六年（公元1836年），曾国藩会试落第，回乡途中路过金陵，在书店发现一部精刻《二十三史》，爱不释手。结果，节俭的曾国藩将身上的一百两银子全部花掉，买下了这套书，回乡路费只能依靠典当皮袄和冬衣筹措。

钱财与书籍，对曾国藩来说正如鱼和熊掌，不可兼得时他舍钱财而取书。这是因为他知道自己最想要的是什么，因此能毫不犹豫地做出决定。

人们往往喜欢与果断的人来往，他们遇事反应更快，决定也做得很干脆，因此更容易沟通合作，除此之外，果断的人通常更有自信，状态也更积极，无形之中能感染他人，成为人群中更受欢迎的存在。

一个人内心坚毅，纵使遇事颇费思量，也不会瞻前顾后，摇摆不定。一个人如果总是对未来充满焦虑，对过去充满悔恨，又怎么会有足够的精力应对当下呢？

克服瞻前顾后的弱点，专心活在当下、直面当下，才是一个人真正的勇敢与坚毅，也是真正的处世智慧。

心无旁骛是成功的铺路石

人们习惯注意他人的成功之处，却很少真正了解其背后的失败和艰辛。

曾国藩学习唐鉴和倭仁的静心修行之路，其实一开始走得并不顺利。

而立之年入京为官，被选入翰林院，曾国藩雄心勃勃，一心想成为朱熹那样的儒圣，正因如此，他才向唐鉴请教如何自律自修。

通过唐鉴和倭仁，曾国藩习得很多读书之法，还有了记日记的习惯。于是，他满心欢喜地开始了自己的提升修养之路。

一个月后，曾国藩的自律、自修情况尚不明朗，人却已经累到吐血。

曾国藩的性情本就易怒，又不习惯事事自查自省，因此那一个月里，他每天保持高度紧张，提心吊胆，战战兢兢，时时检视自己的不足。

他的身体本就不够强健，再加上连续一个月的忧虑过度，身体健康状况告急，不得不休养了很长一段时间。

除了日记，一开始尝试静坐时也出现了很多问题。

每天静坐半个时辰，曾国藩只觉得腰背疼痛，颈椎和腿也不舒服，根本无法静心。因为这件事，曾国藩还是日记里自我反省。倭仁静坐能清明内心，静思己过，到了自己这里，却变成受罪和难熬，时时刻刻忍住疼痛煎熬，完全是自乱阵脚，毫无收获。

修身养性，一向不是表面功夫，更不是某种能被他人观测和评价的行为，这一切都指向内心。

曾国藩因为急于求成，心中的欲望和杂念太多，明明用了相同的方法，却适得其反，深陷困惑。就像李白诗中所写的那样："弃我去者，昨日之日不可留；乱我心者，今日之日多烦忧。"逝去的一切已经远走，不可挽留，眼前的日子又徒乱人心，满是烦忧。

一个人只有摒弃杂念，心无旁骛，才能真正静心凝神，专注于当下。

曾国藩后来也意识到这个道理，因此提出凡事都要"专"，读书不二，做事专注以求精。

毕竟，一个人只有先专注于当下，做好眼前的事，才能一步步踏实向前，走得更远，不然飞得再高，跑得再快，也只是原地打转，画地为牢。

一个人若能做到心无旁骛，便能忘却身体之苦，忽视环境艰辛，用内心的丰盈富足抵御现实的困境。

当曾国藩终于做到心无旁骛，他便开始真正能从静坐中获得平和。他从日记中发现和筛取自己的进步和缺点，在自我修养与为人处世的道路上稳步前行。

因为专心当下，心无旁骛，曾国藩化不可能为可能，用持久的努力与有恒的决心改变了自己的性情习惯，也改变了其后的人生道路，终获成功，被后人不断推崇和效仿。

将目标化为行动，才是成功之道

诗人朗费罗说："不要总是叹息过去，它是不再回来的，要明智地改善现在，要以不忧不惧的坚决意志，投入扑朔迷离的未来。"

人生是不断向前的，改变永远比回忆重要。很多人为过去的失误自责，却忘了应尽快行动起来，尽早改变过去造成的窘境。

一个人有志向、有目标自然是好事，但成功不仅要有明确远大的目标，更要有足够的行动力。

曾国藩担任两江总督时，每天忙于军务，还要会见客人，审阅文件，但他仍然坚持读书、练字、作诗、写文章，日记也不曾中断。

有人问他，是如何做到面面俱到的，曾国藩回答说："当读书，则读书，心无着于见客也；当见客，则见客，心无着于读书也。一有着，则私也。灵明无着，物来顺应，未来不迎，当时不杂，既过不恋。"

人只有一颗心，一心不能二用，人的精力有限，不可能同一时间顾及所有事，想同时做到所有事，是不可能的。

读书时别想着会客，会客时莫记挂读书，一旦分心，就会在读书或会客时生出私心，想快些结束，草草了事。

想在有限的时间内做到更多事，又事事周全，只需专心于每一件事，用高度集中的注意力将其做好、做完，再去做下一件事，看似只能顾及一处，却反而不会顾此失彼、两厢皆无。

当一个人的心不记挂任何事时，便是最清明的时候。这时才能做到不念过去，不畏将来，物来顺应，专注当下。

过去已经发生，总结经验继续前行，才能在未来做出改变。失败是世间常有的事，如何面对失败，如何将目标转化为行动力，突破失败后的困境，是曾国藩做得最成功的地方。

孟子云："天将降大任于是人也，必先苦其心志，劳其筋骨，饿其体肤，空乏其身，行拂乱其所为，所以动心忍性，曾益其所不能。"

人总要吃点苦头，熬过了才能成功。辛勤耕种的舜"发于畎亩之中"，被卖为奴的百里奚"举于市"，曾国藩的一生也并不顺利，甚至可以说是挫折重重。七次科举才考中秀才，入京做官后又遭到权贵排挤，创办湘军时朝廷有意限制，地方也处处掣肘，与太平军作战初期屡战屡败，几次想投水自尽……但是，每次遇到困境，他总能将其视为磨炼自己的机会。

战斗失利后他给弟弟写信鼓励道："袁了凡所谓'从前种种譬如昨日死，从后种种譬如今日生'，另起炉灶，重开世界。安知此两番之大败，非天之磨炼英雄，使弟大有长进乎？"

曾国藩用"吃一堑，长一智"的谚语开解弟弟，并告诉他："吾生平长进，全在受挫受辱之时。务须咬牙励志，蓄其气而长其智，切不可茶然自馁也。"

在通往成功的路上，特别是遭遇挫败、身陷困顿时，最重要的就是不能气馁，要牢记自己的远大目标，将其化为动力，继续向前。

这种面对挫折打击沉稳坚毅、不屈不挠的心态，磨炼了曾国藩的意志，也让他深刻地认识到，一个人若能"顺境不惰，逆境不馁，以心制境，万事可成"。

曾国藩的坚持不懈，不仅得益于自己的踏实，更是父辈言传身教的结果。他的父亲曾麟书一共参加了十七次县试，最终在43岁那年才考中了秀才，其中有六次，都是与曾国藩一起参加的。

父亲身上惊人的毅力和行动力，时刻影响着曾国藩。坚强的毅力，让他在自我管理时更加自律；不屈的行动力，让他在身处逆境时积极自救，寻求解决方法。

凭借这些，自述愚钝平庸的曾国藩在入仕十年内连升十二级，一跃成为二品大员。

虽然在功成名就后，曾国藩也有过自傲、懈怠的时候，但他能及时察觉和更正，遇到挫折时，他熬过了气馁、绝望，最终凭借着意志力和行动力，重回顶峰，成为后世人眼中的"人臣楷模"和"千古第一完人"。

职

场

篇

凡事必须亲身入局，才能有改变的希望

　　大抵谓，天下事在局外呐喊议论，总是无益，必须躬自入局，挺膺负责，乃有成事之可冀。

　　天下万事，想要真正获得效果、得到改变，都要靠自己完成，凡事只有自己去做才最踏实稳妥。这句话出自吴永《庚子西狩丛谈》，吴永是曾国藩长子纪泽的女婿，一次李鸿章与吴永赞扬曾国藩《挺经》中的十八条要诀，吴永对曾国藩的处世思想做出了这样的概括。

有些改变只能靠自己

这个世界上有很多事我们无法控制。

天气阴晴，季候冷暖，雨天走路想不淋雨就要撑伞，冬季怕冷就要添加衣物，饭要自己吃，觉要自己睡，生活中的绝大部分事都需要我们自己完成。

面对自然变化和生活日常，人们往往懂得调整和改变自己，更好地适应变化，让自己过得更舒适，但在其他问题上，却总希望不劳而获。

少复习几页书，能不能混过考试？项目策划书拼凑一下，是不是也能过关？偶尔吃一次油炸食品，应该不会影响减重吧？上班时偷刷几个小视频，工作也能做完吧？

人们常常忘了，世上从来没有免费的午餐。

想做任何事，都要靠自己去完成，提高生活品质，提升个人能力，改变未来命运，只能靠自己。

曾国藩在年过半百时回顾自己的人生，最满意的是自己的两个变化——戒烟、有恒。

30岁以前，曾国藩最喜欢抽烟，可以说是片刻不离。后来立志要戒烟，就真的没有再抽过。46岁之前，他做事缺少恒心，用了大概五年的时间改正，此后无论大事小事，都能坚持下去。

对此，曾国藩得出"无事不可变"的结论。在他看来，无论何人何事，想要改变都是可能的，只要下定决心，只要坚持下去。

戒烟很难，做事有恒心也很难，曾国藩为自己规定"十二日课"，又坚持用日记记录和监督自己，自己立志，自己坚持，最终改变了自己的人生。

从曾国藩的家书中就能看出，他一直反对遇事爱发牢骚或是怨天尤人，更屡屡告诫弟弟子侄脚踏实地，不要耽于幻想。

任何事，在自己脑海中构想全无意义，必须付诸实践，才能真正看到变化。

每个人都可能会遇到挫折、打击，每个人都有理想、有追求，凡事学会从自己入手，无论是坚持、忍耐还是付出，他人只能鼓舞助力，想要有所改变，最终都要依靠自己。

亲身入局，走一步才是一步，世上没有天生的强者能人，都是后天磨炼而成的。

临渊羡鱼，不如退而结网。想得、说得再多，不如自己下场一试。

与其指望外界的变化改变自己的处境，不如从自身出发，力所能及地改变，身体力行去努力，为自己赢取一个更好的未来。

一己之力虽小，却能影响大局

很多事是人们以一己之力无法控制的，天时地利人和往往不会同时降临。

曾国藩在给朋友和下属的信中多次提到，"凡办大事，半由人力，半由天事"，其结果"人力居其三，天命居其七"。

可是，正因为人力所占不多，更应该亲身入局、尽力而为，"吾辈但当尽人力之所能为"，剩下的再听天由命。"惟在己之规模气象，则我有可以自主者"，自己能掌握的事不多，那就把能掌握的事做好。

一个人的志向再远大，目标再宏伟，也要按部就班地完成。身处大局之中，每个人的力量都会干预最终的结果。

《后汉书》中记载，陈蕃扬言："大丈夫处世，当扫除天下，安事一室乎？"而清朝文学家刘蓉在《习惯说》中记录了这样一件事：

刘蓉年少时的书房地面有一处坑洼，平日背书踱步，走得久了坑洼越来越深，父亲见到后笑着说："一室之不治，何以天下家国为？"

向来以勤恳著称的曾国藩，显然是先治一室再治家国的人。

面对并不乐观的战局，他在给沈葆桢的信上这样写："大局日坏，吾辈不可不竭力支持，做一分算一分，在一日撑一日。"

一个人的力量也许不够大，但只要付诸行动，就会产生影响。

面对战局的倾颓，曾国藩也没办法力挽狂澜，他能做的只是"大处着眼，小处入手"，能尽一分力便尽一分。

一个人的力量虽然渺小，但总比什么都不做好。如果很多人都付出努力，无论多大的局，都会慢慢变化。

曾国藩虽然是文官出身，但他在战斗中积累了很多人生经验。

他知道"平日千言万语，千算万计"，得失胜败只在临阵争夺那一刻，平时在局外想得再多，谋划得再好，也必须亲身入局才能真正影响结果。

他告诫李鸿章"用兵之道，最重自立，不贵求人"。

如果没有亲身入局，踏实肯干，永远要依靠他人，这样的人无论在哪里都很难有所建树。

现代职场常常被人们称为没有硝烟的战场，争夺激烈，很多人甚至将大部分精力投入钩心斗角中，却忘了人在职场，要将出力放在第一位。

心怀侥幸的人往往以为可以滥竽充数——眼下的项目太大，自己能力有限，就算拼命出力也不会产生太大影响，不如找有能力的人搭个"顺风车"。

这样的"如意算盘"打得很响，却忘了无论是职场还是人生，凡事都要亲力亲为，出一分力才有一分收获。

有人说，再微小的力量也能改变世界。一个真正有责任心的人，一个认真、勤勉、对自己人生负责的人，无论自己的力量看似多么渺小，都会坚持不懈地努力。

凡事想起来容易，做起来难，但只有亲自去做了，才能验证自己想的能不能实现，才能发现自己有多大潜力，又有多大的影响力。

很多事，不亲自去试一试，不埋头做一次，永远不会知道结果。

陆游在《冬夜读书示子聿》中写道："古人学问无遗力，少壮工夫老始成。纸上得来终觉浅，绝知此事要躬行。"

勿以力小而不入大局，无论是人生还是职场，凡事必须躬身入局，尽力去做，才有成长和提升的可能。

律人的第一秘诀是律己

《论语》中说："其身正，不令而行；其身不正，虽令不从。"曾国藩不仅躬身入局，还时刻自省，保持行为端正，他指出："为人上者，专注修养，以下之效之者速而且广也。"

正因为曾国藩以身作则，严于律己，在管教下属时才能令人心服口服。

根据清末史学家蔡冠洛的记载，曾国藩任两江总督时，亲自制定章程，圈点文书，自称稍有怠惰便会感到辜负圣恩，心怀内疚。

曾国藩不仅工作时间认真负责，闲暇时间还要接见来自各方的客人，对下属和幕僚的能力、成绩全都默记在心中，几乎耗尽了所有精力，事无巨细，他全部亲自过问。

他认为，那些身上官气十足的人，大多身处局外："凡遇一事，但凭书办、家人之口说出，凭文书写出，不能身到、心到、口到、眼到，尤不能放下身段去事上体察一番。"

不能实地考察，既不懂民众难处，也不知下属苦衷，最终只会被蒙骗。

做官的时间久了，曾国藩不仅牢记事事明察，还归纳出亲身入局的宗旨方法：身到、心到、眼到、手到、口到。

"身到"是指身为官员应该尽职尽责完成自己的任务，官员视察民情，军官身先士卒；"心到"则是遇事细心分析，深入思考来龙去脉，抽丝剥茧；"眼到"是认真研读公文，细心观察他人。"手到"指勤于记录，将人与事的优劣和关键记下以免遗忘；"口到"则是指无论是差遣下属还是告诫他人，不要只依赖公文信件，还要不厌其烦反复叮嘱。

秉承着这样严格的处事原则，曾国藩自然能得到下属的尊敬，无论是劝告还是指导，都因为他平时亲力亲为变得更加有效。

关于曾国藩注重"口到"，还有这样一个故事。

刘铭传率"铭军"追剿敌军时，与鲍超的队伍相遇。之后不久，曾国藩见到刘铭传，特地问他见到鲍超时有没有穿皇帝赏赐的黄马褂，有没有叙述和夸耀自己的战功。

刘铭传回答说没有。因为两人都很谦让，相互都没有提及自己的战功，曾国藩满意地大笑，认为刘铭传和鲍超在谨慎谦逊这些方面做得很好。

看似是很小的一件事，曾国藩却要特别询问，这正是他推崇的"口到"。

一旦有机会，曾国藩时时不忘提醒自己，他凭借着自律，成功做到了有效地约束自己的属下和后辈。

无论何时何事，欲做表率，亲身入局，先律己再律他人，才是最好的办法。

一件事，如果自己都做不好，又怎能让别人信服？

有些局，不入就永远不知深浅，还有些局，不入就永远破不了。

凡事从自身出发，改变从自身做起，以自己为表率，才可能通过改变自己，改变身边的一切。

天下之至拙，能胜天下之至巧

唯天下之至真，能胜天下之至伪，唯天下之至拙，

能胜天下之至巧。

这个世界上，只有最真实的东西能胜过最虚假的东

西，也只有最笨拙的东西，能胜过最聪明最机巧的东西。

一定之规能胜千条妙计

曾国藩相信做人不可太过聪明灵巧，因为"天道恶巧"，很多事"以拙进而以巧退"，太灵巧的人，反而没有好下场。

正如带兵打仗，满腹谋略的人看得很远，往往能预测其后战局，但多年经验让曾国藩明白，有些事提前想得再多也没用，战局往往瞬息万变，"凡军事做一节说一节，若预说几层，到后来往往不符"。

在48岁时，曾国藩用自己的半生经历告诫弟弟曾国荃，希望他"向平实处用心"，重新做一个老实人。

面对弟弟的变化，曾国藩认为是这些年来饱经世故，又从其他人身上学到了机巧与权谋，因而学坏了，可是无论是看历史还是看身边，玩弄官场权术的人最终都很难有好下场。

更何况，曾国藩认为自己和弟弟本就是老实人，"吾自信亦笃实人"，如果改变自己的本性，学习各种谋私手段，反而得不偿失。

老实的人去学机巧与权谋，既学不来也学不像，只会"徒惹人笑，教人怀憾"，全无益处。因此，曾国藩告诫弟弟尽快找回守拙之心："贤弟此刻在外，亦急须将笃实复还，万不可走入机巧一路，日趋日下也。"

遇事不能安守本心，反而走上投机之路，品性只会越来越差，最终连原本的优点也会丢失，再无立身之本。

曾国藩从不介意承认自己天性愚钝笨拙，他甚至以拙为美德，并充分发扬。

无论做什么事，曾国藩都坚持按最笨拙的方式去做。不图捷径，反而踏实，这是曾国藩成功的根本，也是他反复向别人强调的做人做事的道理。

在他看来，君子的美德，正在不图虚名、不走捷径，步履缓慢却坚持向前，也许没有小人容易成功，可一旦成功，便是不朽之业。

因此在曾国藩的一生中，他用谨慎和看似笨拙的方式应对一切难关。

为湘军选拔将领招募士兵时，他喜欢挑选不善言辞的淳朴之人。因为太过浮滑的将领，平时混淆是非，遇到危险又难稳定军心；太过聪明的士兵大多缺少勇武牺牲精神，往往成事不足败事有余。

战场上，曾国藩只求一个"稳"字，不求奇谋，不打无准备、无把握的仗。

他相信知己知彼，百战百胜，因此，他花了大量的时间研究双方兵力部署和其他情况，虽没有出奇制胜，却能准备充分。

"宁可数月不开一仗，不可开仗而毫无安排算计。"

什么意思？谨慎。

他的谨慎作风，让他尽量避免野战，"结硬寨、打呆仗"，守多于攻，深挖壕沟，数年围攻一城，据说湘军修建的工事一度改变了城外的地貌。

这就是曾国藩的"一定之规"，无论是战场还是官场，他都"以拙为进"，不求虚名，以诚相待。

别人以巧欺诈他，他却以诚愚对待，时间久了，对方反而打消了诓骗的念头。他的想法看似愚拙，反而收到奇效。毕竟如果两人钩心斗角，则来回往复不会休止。

这个世界看似复杂，其实复杂的只是人心。

很多人精于算计，将大部分时间和精力花在研究如何不劳而获上，其实真正的能力，是安心守拙，坚持做好自己的事，只要坚持总会看到改变。

有时候，我们以为的捷径反而是一条死路，只有看似笨拙，不懈努力，不断提升自己的实力才是真正的"锦囊妙计"。

这个世界看似残酷，却也公平，只要你能努力积累起来实绩，迎接你的将会是一片坦途。

踏实做事胜过一切机巧

天道恶巧，这是曾国藩反复强调的道理。

凡事只考虑自己利益的人，常常被说是在"打如意算盘"，那些在需要用功时偷懒耍滑、投机取巧的人，便是在天地规则面前"打如意算盘"。

不过，算盘是用来计数记账的，算盘打得再响，库房里要有真金白银，身上要有真本领，才可能如愿。

只是一味想象能获得的利益，不愿辛勤努力，最终也只是空想。

在曾国藩看来，很多人读书读得多了，反而失去了最初的踏实："吾辈读书人，大约失之笨拙，即当自安于拙，而以勤补之，以慎出之，不可弄巧卖智，而所误更甚。"

书读得越多，越自以为聪明，于是总忍不住投机偷懒，希望凡事都能事半功倍，但这世上有些事总逃不过努力。

因此，曾国藩反复强调脚踏实地，从小事做起才能有所收获，就连治军也是如此："治军总须脚踏实地，克勤小物，乃可日起而有功。"

小事无需太多天赋和能力，只要踏实勤恳就能有效果，先将小事做好做精，再去尝试大事。

《孟子》中有"盈科而后进，放乎四海"之语，意思是，水流入海，先要将所有的沟壑低洼填平。比喻用功时要步步落实，和磨刀不误砍柴功意思一致，只有踏实地磨快自己的刀刃，砍柴时才能更快更省力。

很多人认为曾国藩精于世故，在官场上游刃有余，其实他的"精明"正来源于笨拙的踏实，因为知道自己笨，所以他更加努力，也更加慎重，不急不躁，自然也不会出大错。

前文提到，曾国藩与父亲数次参加科举，一次次失败但仍然坚持。

父亲传授给曾国藩的学习方式就是下笨功，苦读书。

曾国藩后来回忆自己的学习经历，说自己相当"愚陋"。8岁那年，他开始跟随父亲在家塾学习，父亲早上教晚上教，"指画耳提"，不懂就一遍一遍地讲。他出门路上学，睡觉前在枕畔学，复习到彻底明白为止。

曾国藩一直是一只"笨鸟"，父亲的要求也是苦读死学，不懂上一句就不要读下一句，一本书没读完不许碰其他书，当天的学习没有完成就不能睡觉。

没有捷径，没有技巧，全靠踏实一步步积累而成。这样的教育方式，在最初科考时，虽然没能让曾国藩顺利考中，却培养了他能吃苦的踏实精神。

因为知道自己愚钝，曾国藩反而习惯了做事努力，这为他打下牢固的基础，也让他在六次落榜后总结经验教训，之后接连考中举人、进士。就像一辆耗费大量时间填装燃料的汽车，突然间提速猛冲，绝尘而去。

而比曾国藩更早考取秀才的学子，很多连举人都没能考中。看似缓慢的"拙"，反而成就最大。

一个人只要能真正低下头，踏实做事，就算走得慢，也会在后面胜出。因为安于"拙"的人，往往更加谨慎，也更勤奋，这份踏实让他们走得更快，也走得更有质量，更有效率。

谦逊远比聪明重要

太聪明的人，或是那些自认为聪明的人，往往"聪明反被聪明误"。

谦逊无疑是最有助于成长和提升的心态，但聪明的人往往自视甚高。水满则溢，人满则止，能不招致祸端已是最好的结局。

曾国藩读完《中庸》，最大的心得便是"愚必明"，"柔必强"，因为愚笨，反而勤恳踏实，虚心向学，潜心研究，最终掌握真知。

对于儿子曾纪泽，他最担心的也是其太过聪明："泽儿天资聪颖，但嫌过于玲珑剔透，宜从浑字上用些工夫。"

大多数父母都希望自己的孩子聪明伶俐，但曾国藩却相反。

他看到太多聪明人误了自己的人生，那些人头脑灵活，能言善辩，善于察言观色，却很容易过分玲珑，难成大器。

仰仗聪明，失了谦逊，无论求学还是做事，往往沉不下心来，不愿下苦功，不仅难出成绩，还可能因为自恃伶俐，最终吃亏。

曾国藩所说的"浑"，不是混沌无知，而是为人要浑圆。聪明人不懂得藏住锋芒，遇事看得太清楚，又爱追究，刨根问底，终不免招惹是非，惹祸上身。

谁都有自己的秘密，身边有个太聪明的人总让人觉得自己没了隐私，但谁都会欢迎和推崇深沉内敛、谦虚稳重的人。

前文提到曾国藩以博学著称，爱读常读的书却不过十几种，他的博学与见识，来源于他笨拙扎实的治学精神和思考方式。

在日记中，曾国藩提出治事的步骤有三个：剖析、简要、综合。意思是凡事都要先细细分析，反复琢磨，分"正""反"两方向，之后再细分，力求想到全部可能，在那之前，绝不轻易下结论。

他不聪明，却凭着谦逊和笨拙，想通了对人不能一成不变，对事不能不加区分，他主张"多条理而少大言"，从小处入手，才能在观察分析时不留死角，考虑周全。

曾国藩有很多理学家朋友，他也学习理学家的律己精神，但并不像大部分理学家一样，排斥除儒家外其他的思想和西洋技艺。他怀着守拙的谦逊，任何学说都用心研究。就连故乡的风俗故事、传说，长辈的话语他也认真谨记，揣摩深意。他能筛选提取接触、接收到的一切信息，最终博百家之长，虽然辛苦费力，却获得了很多聪明人无法达到的眼界。

曾国藩最终将汉学的宗旨概括为"实事求是"，将理学的宗旨概括为"即物穷理"。他不认同某些理学家评判诸子的行为，他甚至告诉儿子纪泽"不可轻率评讥古人"，但同时，他认为很多兵书并不适合现实中的战事，有些还以偏概全，他指出史书记载的言论也有不值得借鉴之处。

这些反驳不是来自聪明人的狂妄，而是来自反复思考与验证。守拙带来的务实精神，让曾国藩的视野变得更加开阔。正如他自己所说："心常用则活，不用则窒，如泉在地，不凿汲则不得甘醴，如玉在璞，不切磋则不成令器。"

职场中那些苦心钻营的人往往只能获得一时的利益，而踏实工作、任劳任怨的人反而更有成长空间。

心怀着谦逊的人，远比自恃天赋的人受欢迎。那些看似笨拙且努力的人，不过是在踏实地做好自己的事。那些人怀着守拙之心，用至拙的毅力坚持向前，在不知不觉中，弥补了缺陷和不足，赶超了自恃聪明却行事浮躁的人。在人生赛道上，乌龟的速度虽然慢，终究还是赢过了兔子。

用功不求太猛，但求有恒

弟此时用功不求太猛，但求有恒。

用功不需要太猛太用力，持之以恒才是最重要的。

持之以恒是坚持不懈的努力，是认定一件事之后全力以

赴、有始有终，也是循序渐进、不断积累和提高的过程。

做事有始有终是成年人的责任

无论什么事，想得再好不如动手去做，一时做得再快再好，不如坚持到底。

恒心是这世上最可怕也最可靠的东西。

曾国藩说："人生唯有常是第一美德。"

年轻时他一心想练出一手好字，想了各种办法也没有成功，反而是后来坚持每日临摹，从不间断，虽然没有达到日新，却能达到月异，过了一年再比较，就能看出很大的不同了。因此他得出结论，无论年龄老幼，事情难易，只要"行之有恒"，便能像种树和饲养动物一样，时间久了便会有收获。

曾国藩在给弟弟的训诫中说，士人第一要有志，第二要有识，第三便是要有恒，并说，"有恒则断无不成之事"。

人往往容易被新鲜事物吸引，转移注意力，从而三心二意。

曾国藩年轻时性情急躁，年近半百才真正下决心要凡事有恒。

做事有恒，有始有终是很难的事，更何况要一直坚持。

年少读书时，曾国藩在父亲的影响下，养成了读书专一的习惯，不读完一本，不翻下一本，"天道恶贰。贰者，多猜疑也，不忠诚也，无恒心也"。

学习与做事，要有坚定不移的志向，还要有精进突破的决心，最终用恒心去坚持和完成，这就是曾国藩一直奉行的原则。

他告诫弟弟、子侄，"有恒"是成为圣贤的基础，而真正能做到"有恒"，需要的是对自己、对生活、对事业的责任感。

责任就像沉重的枷锁，让很多人一心只想逃避，但梁启超却说："负责任最苦，尽责任最乐。"

一个人应尽的责任，有时是一辈子的事情，要依靠恒心，坚持始终。

"人而无恒，终身一无所成。"人们往往心怀理想和抱负，却最终默默无闻，两手空空，大多是因为缺少恒心。

没有恒心，缺少责任感，对自己的理想不负责，就是对自己的人生不够负责。

人生是自己的，如果自己都不能负起责任，有始有终，谁又能代替我们呢？

做事有恒的人值得信任，是因为他们做的事情首先对得起自己。

凡事有恒，才能让一件事有始有终，才能证明我们是有责任感的成年人。

半途而废最伤人志气

一个人做事，最忌讳因为缺少恒心而半途而废。

选错了方向，走错了路，都可以停下脚步，认清方向后重新开始。

如果一件事经过证实是正确的、有意义的，只因缺少恒心最终半途而废，不仅会给人留下失败的经历，也留下不自信的隐忧。

曾国藩一直秉持着学习做事专一的原则，做事从一而终，这也是他在家书中反复强调的美德。

曾国藩的弟弟曾国荃原本打算在咸丰六年（公元1856年）入京参加殿试，但因为各种原因未能成行，不久之后曾国荃便应招参军，奔赴江西战场。可是，曾国荃心中依旧藏着科举入仕的愿望，虽然身为吉字营统领，却常常因参加不了科举考试感到遗憾。

咸丰七年（公元1857年），他写信给哥哥曾国藩，提到自己对军队营务这些事兴趣索然，志不在此。对于这个能力强却心气颇高的弟弟，曾国藩写下长信劝说告诫。

"来书谓'意趣不在此，则兴会索然'，此却大不可。凡人作一事，便须全副精神注在此一事，首尾不懈，不可见异思迁，做这样想那样，坐这山望那山。人而无恒，终身一无所成。"

即无论做什么事，都要专注于此。曾国藩用自己的经验告诫弟弟，自己因为恒心不足，在翰林供职时总爱看其他的书，没能练就一手好字、作得一手好诗；学习理学时又总是翻看诗文集，影响理解和吸收；到了六部为官处理公务也没有全力以赴，带兵时又不能专心于营务，而是读书练字……

这是典型的"坐这山望那山"，于是"垂老而百无一成"，只能作为弟弟的前车之鉴以供警惕。

曾国藩希望弟弟能踏实下来，既然带兵，就埋头专心，其他一概不想不管。"不可又想读书，又想中举，又想作州县，纷纷扰扰，千头万绪，将来又蹈我之覆辙，百无一成，悔之晚矣。"

曾国藩已经吃了没有恒心的亏，自然不希望弟弟也如此。

曾国藩很了解弟弟，知道他不够踏实：当初曾国荃不能安心在家乡读书，先在省城读了两年，又去罗泽南那里附学，最终也没有什么结果。在往来的家信中，也很少提到读书为文，反而喜欢议论家事或是京城之事。

这样的风格，无论做什么事都可能半途被其他事吸引，无法坚持始终，最终一事无成。

"靡不有初，鲜克有终"，这世上有太多的开始，但能坚持走到最后的人却没有几个。

半途而废的次数多了，人们会习惯找借口。

曾国藩在反省时不禁痛心疾首地说："德业之不常，曰为物牵。尔之再食，曾未闻或愆？"每次无恒中断，都借口说是因为外界的干扰，之后却一而再再而三地食言。

做事半途而废，看似只是损失了之前的时间和精力，但影响却更大也更深远。当一个人坚持完成了一件事，他便知道自己有多大的能量，能承受多大的压力，自己的极限在哪里。

如果一个人事事做到一半，他永远不会知道自己有多大潜力，又能创造多少种可能，只会习惯性地在微小的困难面前，一次次调头折返，一次次空耗自己的时间和生命。失败的次数多了，可以总结经验；而若半途而废的次数多了，人只会对自己丧失信心，不断降低对自己的评价。

那些半途而废的事，很多会化为心底的不甘，让人难以释怀。

德国著名化学家尤斯图斯·冯·李比希，是有机化学的创立者，被人们称为"化学之父"。李比希曾经尝试将海藻烧成灰，用热水浸泡并通入氯气来提取碘。但在同时，残渣中还沉淀红褐色的液体，散发着刺鼻的臭味。因为是接触氯气后得到的，李比希认为是氯气与碘反应生成了氯化碘，以致并没有继续对此现象研究分析。

几年后，法国药学专科学校一名学生安东尼·巴拉尔，发现了存在于海藻中的新元素——"溴"，这正是从当初被李比希当作氯化碘的红褐色液体中得到的。

意识到因为没有坚持实验而错过了发现新元素的机会，李比希将那瓶"氯化碘"液体放进一个柜子，并在柜子上写上"错误之柜"，警示自己无论什么实验都要多一份留意，坚持到底。

惯于半途而废的人，习惯宽慰自己"过程比结果更重要""享受过程就好"，但是，既然选定了目标，就应该坚持完成它们。

那些值得被享受的过程，首先应当是完整的，是有始有终、持之以恒的。

毕竟，在达成目标的道路上，沿途的风景再美，没能奋力走到终点，也是徒劳。

不积跬步，还谈什么远方

荀子《劝学》中说："不积跬步，无以至千里；不积小流，无以成江海。"摩天大楼需要一砖一瓦建成，什么事都是一点一滴积累起来的。

曾国藩说"用功不求太猛，但求有恒"，因为"一口吃不成个胖子"。一个人的能力再大，再有天赋，事情也要一件一件去做，日子只能一天一天地过。

曾国藩学习程朱理学，朱熹将学习比作煮肉，"先须用猛火煮，然后用慢火温"，也就是先勤学苦思，之后慢慢消化，反复温习。但曾国藩的学习之路却完全不按这个方法进行。

"予生平功夫，全未用猛火煮过。"曾国藩一次都没用过"猛功"，全靠恒心，坚持思考琢磨，缓慢又艰难地悟出道理。

做事需要认真坚持，道理大家都懂，坚持下去却很难。

曾国藩的日记从道光十九年（公元1839年）开始，记了六年，但后来的十几年他没能坚持下去。咸丰八年（公元1858年），为父亲守丧结束，曾国藩复出，将写日记的习惯也重新恢复，后来无论战事公务如何紧张繁杂，他再不曾有过一次间断，一直记到临终的前一天，通过写日记修身反省的努力，也一直坚持到临终前，可谓克己复礼，至死不渝。

他从28岁那年认识到恒心的重要，写下《有恒箴》勉励自己，以后的人生都在尽力做到"恒"，不仅"读书不二"，在练字上也坚持苦熬。最勤奋时，他"每日临帖百字，抄书百字，看书少须满二十页，多则不论"。

最重要的是，曾国藩要求自己"今日事，今日毕"，"不以昨日耽搁而今日补做，不以明日有事而今日预做"，为的就是防止自己偷懒。

这些事看似很小，但每日坚持，点滴积累，最终改变了曾国藩的性情，也磨炼了他的意志，让他在人生修养上有所领悟、有所收获，成为后人眼中的"完人"。

曾国藩不仅自己坚持守恒，还向弟弟、子侄强调。他说，练字时往往有一个越写越丑的过程，他告诫儿子"困时切莫间断，熬过此关"，只有这样，才能稍微获得一些进步。

"再进再困，再熬再奋，自有亨通精进之日。"坚持就能熬出头，这不单单是练字，其他事也是一样。"凡事皆有极困极难之时，打得通的，便是好汉。"而想要打得通，依靠的正是积累跬步的恒心。

东晋道教理论家葛洪说："学之广在于不倦，不倦在于固志。"人的一生是有限的，学问和事业却是无限的，我们只能用有限的时间和生命在无限的学问和事业中努力做到最好。

这个世界上最可怕的，就是比我们优秀的人比我们还要努力。被誉为天才的人，也在依靠努力和恒心不断前进。人生如列车，只有不断的学习，才能让车轮不停转动、前进。

每个人都会有倦怠疲乏的时候，只有不忘有恒，依靠刚猛精神与自己苦战，才能取得最后的胜利。

恪守名分，不越雷池半步

小心安命，埋头任事。

这是出自曾国藩家书中的训诫，做人做事，都要小

心谨慎，埋头苦干，将自己责任范围内的事做好，这其

中的要义就是"恪守名分，不越雷池半步"。

人贵有自知之明

朱熹曾说："真正大英雄，都于战战兢兢、临深履薄得之。"

"小心安命"，正是曾国藩所说的谨慎谦逊。曾国藩小心了一生，因为他深知小心驶得万年船。一个人只有行事不出格、不僭越，才能不惹人讨厌，不招人嫉妒，活得更踏实一些。

所谓自知，便是恪守名分，不仅是不冒进，更是尽职尽责。应该尽力去做的事，用百倍努力，破除万难也要做好，至于能否成功，能否得到应有的回报，则听天由命。

一个人小心安命的智慧，既在谨慎，也在淡泊。

人们往往会为了生计去打拼，为了梦想不断努力，坚持朝着一个目标奋斗，虽然辛苦，但因为有期待，所以心甘情愿。

一个人年轻时心里都装着星辰大海，怀着一颗进取心，往往很难认清自己的能力。孔子所谓"知天命"，不是投降和屈服，而是认清自己是个什么样的人，能做什么事。这才是一个人真正的自知之明。

前文提到，曾国藩曾被一个人夸赞忠厚仁慈，"不忍心欺骗"，因此对此人放松了警惕，结果被此人骗走大量军费。

一向做事审慎、自知又善于自省的曾国藩，也有被赞美的话蒙蔽的时候，可见一个人如果无法认清自己，会产生多么大的问题。

人不自知，便会渴望自己没有能力拥有的事物。为此，有的人会不择手段、巧取豪夺，有的人则费尽心机、据为己有。不过，用非常手段得来的，无论是财富、名誉还是地位，都无法长久拥有。

素位而行，不尤不怨，人应当按照平日所处的地位行事，不抱怨不愤懑。

人若做任何事都小心翼翼，不是谨慎而是懦弱，人若凡事都知足不争，不是淡泊而是懒散。因此，在坚持原则的同时小心行事而不逾矩，在精进奋发的努力中安命自知，时刻记住自己是谁，能做什么，才是对自己最清醒的认识。

很多人的痛苦，并不在于得不到，而是在于根本不清楚自己应该得到什么，又能争取到什么。

了解自己所处的位置，知道自己能做什么，能拥有什么，会幸福一生，会过得轻松一些。

学会和诱惑保持安全距离

人生的诱惑无处不在，正如叔本华所写："我们很少想到自己拥有什么，却总是想着自己缺少什么。"

没有钱的人渴望拥有金钱，有钱的人却渴望刺激和快乐，懒惰的人羡慕成功者，成功的人却常常要抵御休闲和放松的诱惑。说到底，人们都要与自己的欲望做斗争，避免被欲望支配人生。

如果一个人怕湿了鞋子，就不要在河边行走。很多人心存侥幸，直到来不及时才感到后悔，或是抱怨自己的不走运。

有一个小故事，讲述的是一家大公司准备高薪雇佣一个小轿车司机，经过层层筛选和考核之后，还剩下三个技术优良的竞争者。

主考官向他们提出了一个问题："悬崖边有一块金子，如果让你们开着车去拿，你们觉得自己应距离悬崖多近但又不会掉下去呢？"

第一个人回答："两米。"第二个人回答："半米。"而第三个人却说："我会尽量远离悬崖，越远越好。"

最终，第三个人获得了那份工作，因为只有他清楚地意识到，诱惑意味着危险，远离它们才是唯一的选择。

古代官场上，表面平静，内部暗流涌动，曾国藩身处其中，自然懂得牵一发动全身、小小污点足以致命的道理。

58岁那年，曾国藩升为武英殿大学士，当时，他的儿子纪鸿已经考中秀才，并在进士考试中接连受挫。

作为武英殿大学士的儿子，找些关系通融一下，是很容易的事。但在参加当年的进士考试之前，曾国藩却特意写信给他，让曾纪鸿自重避嫌。

"场前不可与州县来往，不可送条子。进身之始，务知自重。"即参加考试前，绝不许与当地官员来往，暴露自己的身份，更不能递送名帖条子请人帮忙。

曾国藩提到的这些做法，正是当时科举考试的普遍内幕，但在曾国藩看来，"进身之始"乃是一个人仕途的起点，一定要干净清白。

正如经商之人，只有第一桶金是干净的，其后的生意才能安稳兴盛，如果在打根基时便不守规矩，终究会像《桃花扇》中写得那样："眼看他起朱楼，眼看他宴宾客，眼看他楼塌了。"

因此，曾纪鸿几次未能及第，曾国藩也没有为他谋划什么，只是将他接到身边亲自教导。

当年入京为官时，曾国藩便立下"学做圣人"的志向。

在给弟弟的信中，他写下自己30岁之后的变化："予自三十岁以来，即以做官发财为可耻，以宦囊积金遗子孙为可羞可恨，故私心立誓，总不靠做官发财以遗后人。神明鉴临，予不食言。"

其后的为官生涯中，曾国藩一直很穷，不得不依靠自己的人品四处借贷，直到后来到四川任乡试主考官，得了补贴，才将欠债还清。

再后来，曾国藩创建湘军，征战十几年，掌管巨额军饷，却从未想过留为私用，他甚至将自己的一部分收入捐给灾民，更是在军中严查贪污军饷的行为。

为了让家中子侄尽可能地远离诱惑，他不肯多给家里寄钱。因为他怕官大钱多，后辈变骄横。在家信中，曾国藩反复强调说："未有钱多而子弟不骄者也。""若沾染富贵习气，则难望有成。"

清代吴敬梓在乾隆年间写下《儒林外史》一书，其中有"三年清知府，十万雪花银"的说法，而曾国藩身处晚清乱世，官至一品大员，最终依靠远离诱惑、恪守本分，守住了清廉之名，就连葬礼也按他的遗嘱办得简朴，概不收礼。

普通人面对诱惑，有时都难以保持自持，位高权重的人，很多利益得来全不费功夫，若能在诱惑面前保持清醒，自动远离，实属不易。

战国时期，秦王派张仪以600里土地为诱饵，破坏齐楚两国盟约，等楚国要秦国兑现承诺时，张仪称自己说错了，是6里土地，楚怀王恼羞成怒攻打秦国，结果因为没有他国支援大败而归，反而赔给秦国大片领土。

以利诱之，一直是军事政治谋略中的重要手段，而楚怀王失去了盟友，赔了土地，完全是败在贪图利益上。

每一个诱惑，都是一条下坡的岔路，不要对自己的定力过于自信，更不要侥幸地去靠近它们，因为很多错误无法弥补，很多机会转瞬即逝，而我们已经获得的成绩和未来的人生，也不该沦为诱惑的牺牲品。

面对诱惑，谁都可能被吸引，但能否与诱惑保持安全距离，不被卷入欲望的旋涡，才是一个人成功与否的关键。

有些名分不争才是智慧

名分看不见摸不着，却能带来实际的利益，往往成为人们争抢的焦点。

无论是在影视故事还是在现实生活中，无论是在官场还是在职场，初期争头衔的、结束时邀功的、评优时互抓把柄的、考核时互相拆台的例子俯拾即是。

本着不能吃亏的原则，大多数人都在追求与自己付出相等的报偿，希望名能副实甚至名高于实，却忘了有些名分，不争才是智慧。

曾国藩和他的弟弟曾国荃战功赫赫，但在曾国藩看来，这样的名只是一时"虚名"，他劝告弟弟，无论何时不能忘记为臣为人的本分："吾辈所以忝窃虚名，为众所附者，全凭'忠义'二字。不忘君，谓之忠；不失信于友，谓之义。"

前文提到报功时他将官文的名字写在榜首，后来他又主动裁撤湘军，回乡为父守孝，一切都是在回避他应得的那些名分。

曾国藩自然不会忘记，自己与麾下将领和湘军熬过多少难关、付出多少牺牲才取得了胜利，但他同时深知并牢记着，名不副实固然灾害无穷，有时名副其实也足以成为一种灾难。

在"实"上，曾氏兄弟已经有了足以震主的战功与军权，如果在"名分"上不懂退让，只会在功德圆满的同时引发同僚的猜忌，留下祸端。

古代官场险恶，充满了尔虞我诈，曾国藩不愿冒险去争，更自知比不过狡诈小人，万全的办法便是小心谨慎、不近诱惑，坚持恪守本分、不越雷池。

他劝诫弟弟说，从古至今那些获得盛大功名的人，千年来只有唐朝中兴名将郭子仪一人得到善终，其他人"恒有多少风波，多少灾难，谈何容易"。

曹操倚重的谋士荀攸不仅智慧过人，更懂得谨以安身，不争功劳，被问到谋取冀州的情况，他极力否认自己谋略的重要性，生性多疑的曹操得知后夸赞他"外愚内智，外怯内勇，外弱内强"。

能与曹操相处二十年，深受曹操的宠信，正是其低调内敛的功劳，反观同时代有智有谋的孔融、杨修等人，却都因锋芒太盛，不得善终。

手无缚鸡之力的谋士性命尚且如此危险，统领四省军务、手握三十万重兵的曾国藩，已经成为清王朝开国以来权力最大的汉族官员，他的性命更是堪忧。

咸丰皇帝临终前曾留下"克复金陵者王"的遗言，曾国藩自然不想封王，他写下一副对联作答："倚天照海花无数，流水高山心自知。"

实际上，在南京尚未攻克时，曾国藩已经心生退意："用事太久，恐人疑我兵权太重，利权太大。意欲解去兵权，引退数年，以息疑谤。"

梁启超评价曾国藩"深守知止知足之戒，常以急流勇退为心"。他不仅不愿争名，反而向外推让，只因"功名之地，自古难居"。

曾经韩信因为功高震主，在项羽死后被刘邦除掉；范蠡助勾践灭吴后与家人泛舟五湖，隐居经商，还写信提醒文种"飞鸟尽，良弓藏"，只是文种没有听从，最终被谗言所害，被逼自杀。

反观曾国藩的选择：裁撤湘军，与弟弟一起称病休息，同时不断教导子侄为国为君尽忠，不可懈怠。

一个人只有守住本分，才能真正发挥本事。

很多人倒行逆施，为了更好地展现本领争强好胜，不愿恪守本分，最终只会脱序违规，连原本的位置都失掉。

生活和工作，往往没有想象的那么简单。

每个人都值得有更远大的理想与抱负，但应该清楚，在奔向梦想与前程之前，先做好该做的、能做的，才能走得更稳，跑得更快。

心存妄想、逞强好胜的人贪图盛名，而有操守、有底线的人却明白有些名分不争也罢。

不以身试险，不侥幸为之，记住自己的本分，因为"天道恶巧"，在人生路上跑得太快，冲得太急，争得太多，总会留下疏漏，埋下祸端。

与其冒险攀折悬崖上的花枝，不如认真收集种子，选一处安稳之地尽心栽种。

有些本分守不住，前方可能就是万丈深渊，再无翻身的机会。

有些雷池不跨越，反而容易找到更好的途径，无往不利。

若遇棘手之际，请从"耐烦"二字痛下工夫

若遇棘手之际，请从"耐烦"二字痛下工夫。

遇到棘手难办的事，记得从"耐烦"两个字上狠下功夫，避免脾气焦躁导致失败。这是曾国藩告诫李鸿章的话。

"面缓"是一个人的修养

世人千面，但并非每一面都是好的。有人寡言沉稳，如刘备一般喜怒不形于色，难测却容易相处；有人翻脸如翻书，什么都写在脸上，易懂却不易相处。

村上春树曾写道："你要做一个不动声色的大人了。"

遇事不情绪化，耐得住性子，平心静气地寻找缓和的方式沟通、解决，是一个人最大的修养。

曾国藩一生举荐的人有很多，这些人都是他名义上的弟子，但只有李鸿章，算是曾国藩严格意义上的学生，曾国藩对他的劝诫也非常多。

李鸿章性情急躁，这样的性情如果遇到棘手的事，很容易自乱阵脚、失了分寸，不仅授人以柄，还可能害了自己。

曾国藩希望李鸿章能学会耐住性子，处理好身边的各种事务。

人在仕途，不可能一帆风顺，总会遇到难处理的问题。此时官无大小，事无巨细，一旦出现纰漏都算失职，最好的办法就是耐下性子来，抽丝剥茧，小心应对，力求一个稳字。

一个人的性格是可以随着做事习惯改变的，曾国藩自己通过严格修身改掉了暴躁的脾气，他希望李鸿章也能遇事有耐心，培养出通达的处事方式。

脾气急躁的人就算能力再强，也很难受人欢迎，因为他们会给别人造成压迫感。遇事就急的作风，动辄翻脸的习惯，不仅让人敬而远之，更容易在不经意间得罪其他人。

曾国藩的弟弟曾国荃脾气高傲刚烈，也不惧他人言论，成为湘军重要将领后，更是露出趾高气昂的作风。在写给曾国藩的信中，他不仅抱怨自己的工作，还流露出对其他人的不屑："仰鼻息于傀儡膻腥之辈，又岂吾心之所乐？"

虽然是家信，但这几乎是口无遮拦，"傀儡"指唯唯诺诺趋炎附势之人，而"膻腥"指的是当时的皇亲国戚和他们的子弟。曾国荃对时局的不满，以及对身边其他人的蔑视，表露得淋漓尽致。一个人心里的不耐烦积攒得多了，自然会在脸上表露出来。

注意到弟弟有这样危险的思想，曾国藩写信苦心劝告："居官以耐烦为第一要义，带勇亦然。兄之短处在此，屡次谆谆教弟亦在此。"他希望弟弟收起这些情绪，以免日后引来祸端。

很多人认为"面缓"的人过于世故、城府极深，不能轻易信任，其实所谓城府与世故，不过是修炼出耐心，对不喜欢的人和事也能从容地面对。

一个人如何对待不喜欢的事物，体现出的是这个人的耐心和涵养，一个人遇事后的第一反应，透露出的则是这个人最真实的能力和修养。

当一件事朝着无法控制的方向发展时，我们要做的不是发泄自己的不良情绪。问题的确会给人带来情绪，但情绪却永远不能解决任何问题。

不安定的情绪，是易燃易爆炸的危险品。

一个成年人最大的能力，在于遇事沉住气，定下心，面不改色，去解决那些看似不可收拾的局面。

懂得克制自己的情绪，懂得静下心，耐住性子，用更缓和的方式处理事情，用更温和的态度对待他人，才是真正的有修养。

人与人的差别，在一个"耐"字

人与人之间是存在差异的，天赋是一方面，但后天的努力影响更大。因为天赋与生俱来，不会增加，但努力却能随着漫长的时间不断积累。

每个人都懂得一个不争的事实，上学时，有耐心的同学成绩更好；比赛时，有耐力的对手跑得更快；工作后，有耐心的同事更容易攻克难关。

《中庸》云："人一能之，己百之；人十能之，己千之。果能此道矣，虽愚必明，虽柔必强。"人有天赋差别，有的人学1次就会，自己不会就去学100次；有的人学10次就会，自己不会就学1000次……长此以往，再笨的人也会变聪明，再柔弱的人也能磨炼得坚强起来。

因此，人与人的差别，在一个"耐"字。

曾国藩自认为是一个笨人，传说他年少读书时，一次有小偷溜进房间，见他在灯下背书，便藏到梁上想等他睡着再偷，结果到最后小偷都背了下来，曾国藩还是记不住，小偷只得跳到地上离开了。

不够聪明，耐心坚持学习，性情急躁，耐心修身反思，读书、练字、为人、处事，曾国藩都依靠一个"耐"字提升。

曾国藩信奉"事以急败，思以缓得"的宗旨，坚持做事从长远考虑，先求稳，再求成，并反复向弟弟曾国荃强调这个原则："望弟不贪功之速成，但求事之稳适。""专在'稳慎'二字上用心。""务望老弟不求奇功，但求稳着。至嘱！至嘱！"

写信时，距离湘军攻占南京，还有不到一个月的时间。他在临胜之前反复叮嘱，正是担心曾国荃在关键时刻急功贪利，铸成大错。

耐不住性子的人往往很容易吃亏，因为在急躁的情绪中很容易做出错误判断。事实上，在剿灭善于运动战的捻军时，"铁帽子王"僧格林沁的部队就败在用兵冲锋过快上。

两军交战，比的是士气，也是耐性。

进军途中，哪怕节节胜利，曾国藩也坚持"仍当以'稳'字为主，不可过求速效"。他要求坚筑营房，深挖战壕，多囤军需米粮，稳中求胜，看谁更能"耐"。

所谓"耐"，是能扛事，是能忍，也是能熬。

一个人的成功不是偶然，而是需要耐心和坚持去积累，更需要踏实去"熬"、去"扛"。

在商业大佬冯仑看来，成功人士与普通人的差距不在"双商"高低，而在于"熬"的毅力和坚持："你不想熬，就变成一个逃兵；舍不得熬，你离机会也就越来越远。"

凭借一个"耐"字，他扛住人生坎坷波折，商场风云变幻，他既是学者又是干部，从白手起家的企业家成长为地产大亨，作为中国社科院法学博士，他被企业界称为"商界思想家"，被地产界称为"学者型"开发商。

随着社会节奏越来越快，人们在多方压力的驱使下往往急于求成，很难耐住性子，事事负责，时时用心。但万事只有静下心沉住气，才能渡过难关，取得突破性的成绩。

耐不住性子的人，总离成功差一小步。

朋友告诉我，她觉得她没有一件事是能坚持下来的，热情很快来到，又迅速撤退。当她做的事情没有获得正向回馈时，她就会怀疑自己的选择，觉得自己不适合，最后不了了之。

耐不住性子的人，常常无法在规定的时间里将一件事做完。

任何成绩都不是一蹴而就的，背后需要漫长的累积，无法承受等待的焦虑，只去做那些可以迅速完成的事，看似效率很高，却最终输掉了未来更长远的可能。

那些被人们羡慕的人，往往都曾独自熬过艰难的岁月，用过超出常人的耐性，一步步走完了他们奋斗的长路。

所谓的杰出能力，归根结底，是先要能"耐"，才会有能耐。

烦是本能，耐烦才是本事

"耐烦"二字，其实是一个人做事的首要能力。

想要做成一件事，首先要去做，做的过程中难免遇到不顺，"烦"是在所难免的。

每个人都有心烦的时候，因为烦是一种本能，但并不是人人都能耐住性子，从"烦"中突破出来，真正做成一件事。

曾国藩在很多场合强调过"耐烦"的重要性，是因为他在学习、修身、为官、带兵的过程中，所有的谨慎和小心，都要依靠"耐烦"之心。

关于做事，曾国藩归纳出一条心得："大凡办一事，其中常有曲折交互之处，一处不通，则处处皆窒矣。"

人做事时，常常会在复杂曲折的地方受到阻碍，此处不通，其他方面全无进展。

这种时候，人们往往感到烦躁，无法耐住性子分析问题寻找办法，反而被焦虑、挫败、愤怒等负面情绪包围。

在急躁中采取行动，表面上看似要解决问题，其实不过是在解决内心的焦虑和不安。这样的人往往无法顾及大局，更不容易与人和谐相处。

曾国藩对"欲速不达"的道理认识深刻，就连在理财问题上，他也主张渐求整顿，不在于求取速效，毕竟任何事做得太快，都可能出现纰漏。

当湖北巡抚胡林翼写好汇报战况的奏折后，曾国藩却建议推迟几日再发往京城，因为有些将领会在意奏折中的语气和评价，影响作战情绪，更何况战场瞬息万变，如果后面情况有变，也能再做改动。

心理学家杰克·霍吉曾说："性格决定命运。"一个人遇事能否沉住气，会直接影响判断的正确性和选择的可行性。

凡事都需要过程，参与其中的人会在过程中不断适应、调整，以便获得更好的结果。

如果一个人只顾结果，做不到遇事耐烦，终究会在长远的道路上因为操之过急栽跟头。

有时候，不需要追问结果如何，因为结果就藏在过程之中，只要耐烦地走下去就足够了。

就像被誉为汉初名臣的张良，传说他在外出求学时，在下邳桥遇到一个老人。

老人身穿粗布衣服，非常朴素，看到张良走过来，他故意让鞋子掉到桥下，让张良帮他捡鞋。张良明知他是故意的，但看到他是老年人，便将鞋子捡了回来。

结果老人又让他为自己穿鞋，张良忍住怒火，本着好事做到底的原则跪下为老人穿鞋。一番折腾，老人对张良的表现很满意。后来，老人将《太公兵法》传授给张良，造就了一代名臣。

面对一个蓄意滋事的人，人的第一反应是恼火和烦躁，这是人的本能。但能否压住火气，耐住烦躁，自我克制，才是真正的本事。

六祖慧能曾说："非风动，非幡动，仁者心动。"

很多时候，处理一件事、维系一段关系可能存在各种问题，会遭遇许多困难，但真正让事态复杂起来的永远不是问题本身，而是我们面对问题和处理问题的态度。

若烦，则万物躁动不安，喧嚣无序；若能够耐烦，则风不动，幡不动，仁者心不动。

一个人要能从内心清朗安稳处，窥见问题的根本，就能寻找到解决问题的方法。若耐得住的事情越多，能够解决的事就越多。

有福不可享尽，有势不可使尽

　　家门太盛，有福不可享尽，有势不可使尽。人人须记此二语也。

　　盛极必衰，物极必反，福气再多也要注意不能肆意享受，做人做事也要留有余地，这是每个人都应该牢记的。

　　此话源于宋代，出自五祖法演禅师，当时法演禅师的弟子佛鉴禅师要前往舒州太平寺担任住持。临行前，法演禅师告诉他四条训诫，后来演变成"法演四戒"："一曰势不可以使尽，使尽则祸必至；二曰福不可以受尽，受尽则缘必孤；三曰话不可以说尽，说尽则人必易；四曰规矩不可行尽，行尽则事必繁。"

凡事学会留有余地

未来是无法预测的，富足人家可能因为一次变故陷入赤贫，权势之家也可能因为一次争斗倾颓衰败。

《道德经》云："飘风不终朝，骤雨不终日。"来得太过盛大的事物，往往不能持久。

事事求稳的曾国藩，平生最怕的就是"完美"，他甚至会在力所能及的情况下，刻意回避圆满，其书斋名为求阙，他自己也真的在奉行求阙。

祖父不曾中举，父亲数次科举才考中，曾家的兴盛是从曾国藩仕途顺利开始的，但曾国藩不以家中功臣自居，反而时刻提醒家人，凡事不能太过。

他坚持"盛时常作衰时想，上场当念下场时"，毕竟一个人不可能一直立于巅峰，一个家族也是如此。

水满则溢，日中则昃，用力也是如此，用力过猛，就会力竭而亡，而为了应对可能出现的变故，无论何时何事，都应该留些余地。

正如前文提到郭嵩焘辞官一事，在曾国藩看来最好的办法是先离开京城回乡就任，之后再决定是否请辞。京城的人官大权重，但位于金字塔顶的官场却很小，郭嵩焘为官不顺的事众人心知肚明，直接辞官的举动，无异于告诉所有人他就是因为这一点离开的。

曾国藩的建议，有两个明显的好处：

第一，最直接的好处是保留改变主意的机会，因为短时的不顺暂时远离京城官场，日后还可能有其他机会；第二，虽然因为不顺离京，但远在湖南，就算最后选择辞官休养，也能模糊原因，尚有周旋空间，也不至于留下不好的印象和风评。

曾国藩在带兵的同时也用心钻研兵书，他深知"行兵须蓄不竭之气，留有余之力"。作为经验之谈，他在给李鸿章的信中这样写道：

"用兵之道，最忌势穷力竭。力，则指将士之精力言之。势，则指大计大局，及粮饷之接续，人才之继否言之。"

在行军作战方面，人的体力精力不能用尽，更不能透支，还要留意未来的可持续发展性，在处事方面也是如此。

为人处事，力是实实在在的付出，势是前瞻性的计划，也是一切可用力量的调配，想要维持可持续性，做到游刃有余，最重要的是留些余地。

很多时候，给别人留余地，受益的是自己。

凡事别拼得太猛，也别将自己逼得太紧。做事张弛有度，才能从容一些，稳妥一些。常言道，"退一步海阔天空"，前提是我们先得为自己留下后退一步的余地。

再强的弩也有到不了的远方

一个人的好运，持续的时间是有限的，否极泰来的转折虽然看似无迹可寻，但却真实存在，就如人们常说的"三十年河东，三十年河西"。

劲弩再强，也有到不了的远方，一个人再强，也不可能总是风光无限。

曾国藩自己功名在身，却说"功名之地，自古难居"，可谓是人间清醒。

大多数人渴望功名，若一个人建功立业、名声又好，自然会有人羡慕，有人嫉妒，等到运势衰落，人行低谷时，难保嫉妒的这些人不落井下石。

就在曾氏兄弟功劳与风光达到极盛时，曾国藩却忙着裁撤湘军，自断羽翼，因为他知道这样的盛名就像强弩，不会维持太久。

飞鸟尽，良弓藏，强弩也终有没用的那天，依靠任何一项功绩，都不可能让一家人安享荣华富贵。为此，曾国藩苦口婆心劝说弟弟，管教子侄，享乐之事一切从简。

弟弟的生活日渐奢华，他提醒弟弟牢记"有减无增"，"为先人留遗泽，为后人惜余福"，为此甚至不愿多寄钱回家，只怕家门太盛，过早享尽富贵，让运势急转直下。

对于儿子，曾国藩更是严格要求。

一次，曾国藩的儿子纪泽与纪鸿携家眷返回湖南。考虑到路程漫长，沿途跨省穿州，难免有官员迎来送往，曾国藩写信明令禁止两个儿子不许接受礼物和参加酒席，另外还叮嘱，就算拒绝，也要谦和谨慎，不可给人清高傲慢的印象。

作为侯门子弟，曾国藩的儿子完全可以享受荣华富贵，一路满载而归，但曾国藩明白，若是过分招摇就会招来祸端。家族显赫的确是福，但这福不应该如此享用，以免过早耗尽。

《史记·韩安国传》中有"强弩之末，不能入鲁缟；冲风之衰，不能起毛羽"的说法，指力量再强大的箭，飞行到最末也无法刺穿最细的绢丝，再迅疾的狂风，衰落下去也没办法吹起羽毛。

很多人相信"瘦死的骆驼比马大"，却忘了只有保证骆驼和马活着，才能负重前行。一件事的衰微无关大小，只关乎力与势还剩下多少。

曾国藩是个很自律的人，不仅写日记记录每天的学习和工作是否用心，还要求自己做到耗尽精力。在同治元年（公元1862年）的日记中他写道："勤奋之道，精力虽止八分，却要用到十分；权势虽有十分，只可使出五分。"

自修处，用尽全力，挤出更多的精力，越强越好，而手中的权势，则能少用就少用。

曾国藩和曾氏一家的兴旺，并非完全是命运馈赠，战功是艰难拼杀获得的，官位是处处慎重维护稳固的，得来不易，却很可能因为一次放松和挥霍就灰飞烟灭，自然也容不得分毫差池。

在追求成功时，人们往往提倡一鼓作气，乘胜追击，但这些经验只适合短时间的奋发和搏击，那些想要跑得更远的人，都懂得起跑不能太猛，步子不能迈得太大。

一个人冲过了头，耗尽了力与势，即便曾是"强弩"，也只能成为末流。

藏住锋芒才可明哲保身

两个同样有能力的人，一个锋芒毕露，一个含蓄谦和，后者往往更受欢迎，因为他更容易获得别人的好感。

藏锋是书法术语，毛笔有笔锋，起笔时将其藏起，不露笔尖，笔画更加浑圆，力道含蓄在内，沉稳而不外泄，整个字浑厚有力。藏，是中庸精神的体现，懂得何时藏，是一种知进退的智慧。

曾国藩强调"有福不可享尽，有势不可使尽"，核心都在敛与藏。

战国时赵国兵败长平，秦军围困赵国首都邯郸，赵国的平原君前往楚国求援时，有了毛遂自荐的故事。平原君将贤能之人比喻成锥子，放入囊中自然显露，脱颖而出，毛遂便要求平原君将自己放入囊中一试，他果然帮助平原君完成了使命。

人们解读毛遂自荐的故事，常常认为，"人要懂得崭露锋芒，才能获得重用"，却忘了毛遂成名之前，已在平原君家里做了三年门客，其间一直默默无闻，但他利用这些时间，不断充实和提升自己，等待机会。正因为他一直藏敛锋芒，才等到了真正适合自己的时机。就像曾国藩给王少鹤写信时描述的那样："君子有高世独立之志，而不予人以易窥，有藐万乘、却三军之气，而未尝轻于一发。"

懂得藏锋的人，不会将自己的高明之处轻易示人，也不会轻易行动。

随着阅历的增长，曾国藩不只是在"福"与"势"上力求敛与藏，更是事事力求收敛藏锋，反思过去，他说自己"年轻好露锋芒，难免树敌而不自知"。

　　曾国藩曾经被迫赋闲在家，也因为征剿不力被撤职，最难的是在兴办湘勇团练初期，四面受敌。

　　咸丰三年（公元1853年）秋，兴办团练不满半年，驻长沙的绿营兵与曾国藩的练勇殴斗，行径恶劣，曾国藩气愤之下想杀一儆百，于是，他向湖南提督鲍起豹指名索要闹事的绿营兵。

　　此举将鲍起豹惹怒，故意大造声势，将肇事者捆送到曾国藩的公馆，绿营兵见状冲进公馆，几乎将曾国藩打死，而当时担任巡抚的骆秉章却放走了肇事者。

　　于是，人们纷纷传言是曾国藩插手湖南官府的兵权，咎由自取，而此时咸丰皇帝也对湘勇势力的壮大心存疑虑，但无论兵败被贬，还是遭到咸丰皇帝的猜忌和打压，曾国藩始终低调收敛，努力坚持做好分内的事，哪怕"打脱牙和血吞"，也没有针锋相对。

　　做人不过分显露才华，这是曾国藩一直坚持的原则，正是学会了藏起锋芒，他才能在凶险的官场上保全自己，也保全了家族。

　　智者懂得收敛锋芒，是因为他们明白，很多事情并不需要过分彰显才能，量力而行，好过锋芒毕露。毕竟，过分锋利的锥子虽然能脱颖而出，却也因此难于携带，无法走得走远。

　　力、势不可用尽，能力、锋芒也不可露尽。

　　有福不可享尽，是为了留有享不尽的福分，以免山穷水尽；有势不可使尽，则是为了留住最有用的底牌，以备不时之需。

"以迁为直"更容易成功

以迁为直，以患为利。

这是《孙子兵法》中的话，用兵胜在谋略，处事也

是如此。太直接未必能达到目的，迁回游刃反而可能是

最快的路径。有些"慢"，实则是真正的"快"。

最长的路不是弯路，而是捷径

曾国藩一直自称是愚笨的老实人，"吾自信亦笃实人"，读书笨，思想也不灵光。可是，这个"笨人"却成为一代名臣，无数人在他的生平中寻找成功的秘诀。

世界上的人本身就存在差异，天赋高下不同，头脑聪敏程度不一。但奇怪的是，很多聪慧的人往往不如看似愚笨的人更成功。

有些天赋各有利弊，灵活的人容易想清楚一件事，却不容易坚持下去，愚钝的人需要花费很久才能弄清楚一件事，但他们认定了的事便很难去改变。

有人曾说："只要人生中有捷径，捷径很快就成了唯一的路。"

人总是趋利避害，能找到更方便的路径，自然不愿再体验艰难险阻。

但是，事实不断证明，我们走过最长的路不是弯路，而是捷径。那些看似又短又快，直接抵达的路，反而因为暗藏各种陷阱，让人狼狈不堪，铩羽而归。

因此，曾国藩既勉励自己，也告诫弟弟，没事不要学人卖弄机巧，他们自己不适合这样的行事风格，一切还是要回归笃实才是正途。

捷径的快与慢、风险与收益是没有办法量化的，这也是很多人侥幸尝试的原因。

有一则"以慢为快"的寓言哲理小故事，清楚地揭示了捷径的风险。

卖橘子的商贩推着车去陌生的城市做生意，他询问一位老者，自己能否在日落之前抵达城外，老者告诉他："走远路就能到，走近路就到不了。"

老者矛盾的回答让商贩觉得很奇怪。出发后，他为了早些到达，在岔路口选择了明显更近的小路，结果走到一半，他才发现小路穿山而过，颠簸难行，车子无法通过，只得原路折回分岔路口。一来一回，真如老者所说，没能在日落之前抵达目的地。

塞翁失马，焉知非福，很多时候用迂回曲折的方式，看似要多忍受辛苦，反而能更快达到目的地。

曾国藩最初参加科举是跟着父亲学习。父亲的教学方式古板单调，为曾国藩打下了坚实的基础，但他几次落榜，听起来似未得其中捷径。

父亲中举后，曾国藩更加发奋读书，对数次科考的题目和范文潜心研究，这时他之前的那些"无用功"发挥了作用。毕竟，想要梳理思路融会贯通，需要先有充足的知识储备。

因此，曾国藩其后的科举之路宛如"开挂"，用苦学的弯路追上了很多走捷径的同窗，甚至远超他们。

按照当时的习惯，考生入京赶考时都会去拜访来自同乡的前辈。既是刷"存在感"，也能寻到一些推荐关系。

曾国藩也曾登门拜访过当时担任御史的劳崇光，对方是道光年间的进士，同样也是湖南人。在劳崇光看来，曾国藩为人实在，略有文才，不过，似乎因为读书太多，显得有些迂腐。

可是正是这份"迂"，在科举道路和其后的仕途中成就了曾国藩，也让他规避了官场中很多潜在的危险。

有些路，看似是在绕远路，只要认真地走，反而能得到意外的收获。

一个人走些弯路不会被累死，有时还能积累更多经验，但走捷径，却很可能会被困死，在挫败和怀疑中失去前进的信心。

迂回而行，才能游刃有余

与"以迂为直，以患为利"同出《孙子兵法》的还有一句话："兵者，诡道也。"诡道是指变化多端，越是变化，越容易蒙蔽对方，例如明修栈道、暗度陈仓。

很多人小时候，都习惯直接提出要求，想要什么，想做什么，长大后则学会了委婉、含蓄、暗示，这是成熟带来的结果，也是成熟造就的智慧。

人越成长，越明白抵达终点的路途不止一条，如果笔直的那条走不通，还可以选择另外的路线。只要目的不变、人在路上，一切就是在朝着计划的结果行进。

很多时候，表面上的前进未必是真的前进，也可能是一种后退，反之亦然。看似绕远的路，也许只是在为更好地前进做准备。

曾国藩一生注重低调收敛。他知道自己性情急躁，为了避免鲁莽之下造成不可挽回的局面，遇到问题时，他往往选择先妥协和退让。

这样的选择，让他在数次危机中得到喘息的机会，随后有时间找到解决办法，化险为夷。

当湘军日益强盛后，曾国藩虽然得到了朝廷的嘉奖，但也同样遭到同僚的压制。

以曾国藩为首的集团成员大多没有获得军政实权，咸丰皇帝还派人监视他们的军事行动，湘军甚至要在多方阻挠下自筹粮饷。湘军将领对此多有不满，但曾国藩却抱定决心，选择了以退为进的态度。

面对打压，他没有丝毫的怨言。同时，他开始用迂回的手段为自己和集团争取地位。

首先，保持湘军内部的稳定。湘军中大多是同乡、同窗甚至是兄弟，很多人家相互又有姻亲关系，有着紧密的纽带。

其次，他在自己缺少实权时授意下属制造舆论，称"涤公未出，湘楚诸军如婴儿之离慈母"，不服从其他任何人的调度指挥，同时对朝廷重用的顽固派官僚进行抨击和贬抑，以表达不满。

随着战局的变动，曾国藩终于在舆论造势与权臣肃顺的帮助下得到了两江总督的官职。

相比于前文提到郭嵩焘辞官离京的急躁和直接，曾国藩充分展示了"以迂为直"的益处。

人们往往认为笔直地向目标前进才是最好的方法，一旦迂回就一定会降慢速度。可是很多时候，间接的方法却能最大限度地保持和缓，减少问题。

有些事，达到目的才是最重要的。比如诸葛亮七擒孟获，抓一次放一次，直到对方心服口服，整个部落从此真心归顺，这是直接处死或关押孟获无法达到的结果，看似迂回复杂，浪费时间和精力，却一劳永逸地解决了问题。

以迂为直，也体现了曾国藩一直追求的"缓"。因为不是剑锋直指，做事时就留下了余地，与人相处时便能为对方保全面子。

有些事不去挑明说，点到为止，是一种更周全的方法。

心怀一"敬"，赢得上进空间

主敬则身强。敬之一字，孔门持以教人，春秋士大夫亦常言之，至程朱则千言万语不离此旨。

从孔子教导学生到春秋很多士大夫，再到程朱理学，都在强调一个"敬"字。人有敬畏之心，才能知道自己的不足，才能守住小心，学会谨慎，这是能让人变强的重要能力。

敬是一种为人的态度

人生一大智慧便是常怀敬畏之心。

古语云："畏则不敢肆而德以成，无畏则从其所欲而及于祸。"懂得敬畏，才能时刻警醒自己，做事守原则，为人知本分。

曾国藩曾用《论语》中对君子的描述阐释"敬"字："敬字惟无众寡、无小大、无敢慢三语最为切当。"也就是说，对人对事的敬畏之心，不应该因为多少、大小、快慢等产生分别，对待人、事与物，都应该一视同仁，不要在主观上进行喜欢与厌恶的区分。

一个人敬事，才能成事。因为这种"敬"，会让我们投入更多的精力，且会认真对待。

很多人习惯为自己寻找借口，那件事没那么关键，那个人位置不是特别高，那个东西没那么重要，因此不需要怀有敬畏之心。可是，真正的"敬"并没有这些区分，它不是一种衡量之后的手段，而是一种人生态度，是一个人自己能够选择的为人的态度。

缺乏敬畏之心的人，面对诱惑很可能会失去原则，罔顾良心，最终酿成大祸。

人们往往会侥幸地认为，平时可以在小事上任性而为，遇到大事再调整状态。可是，敬畏之心无法招之即来，挥之即去。

有所不为的人，无论大事小事，无论是否有人监督，都能严守原则和底线。因为他们心中的"敬"无时无刻不在进行着提醒和监督的作用。

曾国藩获得战功和荣耀后，最担心的就是"大戾"，也就是杀头之罪。官场沉浮，他一直都在回避盛名盖世、功高震主的情形发生，这正是他心怀敬畏的体现。

在给弟弟们的家信中，除了强调勤劳与和睦，他说得最多的就是"敬"。敬能遵守几分，一个家庭就能兴旺几分。如果不懂敬畏，眼高于顶，行事高调，最终只会引来灾祸而不自知。

明太祖朱元璋曾说过"人有所畏，则不敢妄为"，而不妄为的人，才是最安全也最容易长久快乐的人。

失去了敬畏之心的警示，不懂得尊重，自然也不懂得害怕，变得肆无忌惮、为所欲为，最后得到的，只是无法无天的深渊与苦果。

曾国藩一生做成的事很多，结合这些经验，他提出一个人最应该敬畏的有三个："第一则以方寸为严师，其次则左右近习之人，又其次乃畏清议。"

这里的方寸指的不是规矩原则，而是自己的内心。

敬畏内心，就不会放任欲望成灾；敬畏身边的师友，则能学到更多、悟得更深；敬畏外界舆论，才能以人为鉴，监督和反思自己的言行，做到内不乱心，外不逾矩。

一个人能常怀敬畏之心，是因为相信时间公正、命运公平，相信事情就算无人知晓，也总有内在的因果联系。

如今的海尔集团名声响亮，但没人知道，张瑞敏最初接手海尔时，无论是内部管理还是产品质量，都存在着很多问题，在他入主海尔后制定的第一条制度是"不许随地大小便"，足以想象海尔集团当年的管理混乱程度。

1985年，在进行内部管理整顿的同时，张瑞敏因为收到朋友对质量问题的反馈，亲自带人检查车间的产品，发现了76台冰箱都有质量问题。

在使用之前，顾客并不会发现冰箱有质量问题，但张瑞敏还是当着员工的面把这些冰箱砸成废铁。因为他对素未谋面的消费者怀有敬畏之心，对一个企业的名誉和未来怀有敬畏之心，他不愿让侥幸害了整个企业。

正是源于张瑞敏对企业、品牌和产品的负责，让他最终成为全球著名的企业家，也让海尔成为享誉世界的家电品牌。

敬畏之心不是经验和教训，而是一种选择。

选择相信那些眼下尚未发生的事终究会发生，选择走在河边早晚会湿了鞋子，选择不抱侥幸地坚持踏实做事、低调为人，自律地面对每一件事，谦逊地对待每一个人，安稳地度过每一天。

放低自己，才有提升的空间

当一个杯子盛满了水，再往里面倒水就会溢出来，当一个人自满时，就无法再获得提升。

杯子的容量有限，人的成长空间却是无限的，可是往往有很多人，误以为自己已经触到了能力的"天花板"，用自满将能力的"杯子"扣上盖子。

职场上有一种常见的现象，竞争升职机会时，志在必得的那个人一般难以笑到最后，胜出的通常是那些谦逊低调的人，因为他们懂得"敬"的重要性。

自信不是缺点，但懂得放低自己的人，往往更容易获得提升的机会。

一个人能放低自己，与人相处时自然更加和谐融洽，但这并不是最主要的。

能保持低姿态的人，会将有限的精神力节省下来，不断提升自己的能力，让自己与机会更加适配，最终在竞争中胜出。他们往往更加自信，也更懂得藏锋敛力。

最重要的是，一个人将自己放在不同的位置上，选择不同的行事风格，会直接影响做事时的效率和成绩。

曾国藩在给部下鲍超的信中强调"敬"的益处——能让人减少错误："敬则小心翼翼，事无巨细，皆不敢忽。"

心怀敬畏，做事时必定严肃认真，与随意为之完全不同。怀着这样的心态，整个人的精神状态也会随之改变，"内而专静纯一，外而整齐严肃"。

曾国藩以自己为例，他的身体不好，上了年纪后更是身体机能衰败，精力自然也大不如前，但因为有敬畏之气，遇到大的祭祀或是战局紧张时，仍然"神为之悚，气为之振"，整个人的状态顿时紧张严肃起来。

这便是曾国藩坚持奉行的日课第二条："主敬则身强。"

能不骄不躁，遇事放低自己的人，必然心怀一"敬"，因此在为人和做事时精神更加饱满，态度更加严谨，自立而自信，与人相处不会得罪人，做出的成绩自然也不会差。

外表的伪装永远无法长久，暂时的谦逊也一定会暴露，只有心怀敬畏，才能真正低下头，虚心面对这个世界，与人友善，做事慎重，从内心生发出认真，并渗透到日常的言谈举止中。

一个人只有敬事，才能埋头认真去做，只有敬人，才能学到更多优点，只有敬畏规矩，才能不越雷池，不招惹是非。

人先要学会如何无过，才能真正有功，就像一个人身材再高，也必须先低下头，才能穿过大门，迈向更广阔的世界。

在有些人看来，遇人遇事低一次头即是妥协，甚至是懦弱和逃避的体现。于是，他们凡事必要争个高下，却在与他人争抢的同时，丢掉了自己的谦逊与谨慎，也失掉了修炼品行、磨炼意志的可能。

当真正的考验来临时，平日里任何一个不曾留意的坏习惯，都会让我们与机会失之交臂。

一个人只有放低自己，谦逊一些，敬畏一些，戒掉俯视他人的行为，为继续攀登腾出空间，才能握住从更高处伸来的"金手指"，抓住更好的机会。

毕竟，只有仰望星空的人，才会真正发现星空的美。

人少敬则不重，不重则不威

一个人的精神状态决定着他的行为举止，为人严肃，行事严谨；为人散漫，行事自然敷衍。

曾国藩主张的"敬"，即凡事认真对待，无论是人或事，哪怕是正在说出的话语，都是当下最重要、最值得关注的。

心怀一"敬"的人，先尊重自己，再以己度人，尊重外物。曾国藩将"敬"定义为"无众寡、无小大、无敢慢"，"敬"的习惯在自己，与对方是谁、有多重要无关，这体现的是个人的修养。

除了修身，曾国藩还劝诫弟弟，在家中也要重视"敬"的培养。在他看来，人先在家中做到互敬互爱，离了家才能懂得尊重他人，处理好复杂的人际关系。

纵然心性愚钝也不要紧，"一身能勤能敬，虽愚人亦有贤智风味"。

到了自己儿子那里，曾国藩先回顾和反思自己的不足，"吾有志学为圣贤，少时欠居敬功夫，至今犹不免偶有戏言戏动"，比如前文提及他试图强行会见朋友之姬的闹剧，再提出自己的希望。

他认为自己在"敬"字上做得不好，偶尔还会"露出马脚"，于是对儿子严格要求："尔宜举止端庄，言不妄发，则入德之基也。"只有心怀一"敬"，严格要求自己，做到举止端庄、说话慎重，才能奠定德行的基础。

少了内心的"敬"，言谈举止会不自觉地松懈下来，做事会漫不经心，导致事情做不周全，与我们相处的人也会感到不被尊重。

道光二十三年（公元1843年），曾国藩在日记中记载了自己在酒席上言语放肆自取其辱的事："席间，因谑言太多，为人所辱，是自取也。"

曾国藩虽然性情急躁，但事理分明，他知道自己为人所辱是自作自受。人与人之间，很多事是相互的。不尊重他人的人，也基本上不会得到他人的尊重。

这种尊重，是由日积月累的品行和修养决定的。

一个人只有严格要求自己，才能受到尊敬。

懂得尊重他人的人，一定是尊重自己内心的人。心中有"敬"，人才会庄重，只有举止庄重的人，才能获得他人由衷的敬佩和尊重。

出言不慎，恶语相向，其背后的原因大多是不敬、不重。

人少敬则不重，不重则不威。没有威严，又怎么可能得到他人的尊重呢？

做事有"敬"，才能态度认真，将事情尽力做到最好。待人有"敬"，才能传达内心对他人的重视，赢得更多尊重。

治

家

篇

孝而不愚乃德之本

　　第一贵兄弟和睦……第二贵体孝道。推祖父母之爱，以爱叔父，推父母之爱，以爱温弟之妻妾儿女，及兰惠二家。

　　孝是德之本，最早出自《孝经》，曾国藩认为，一个家庭只有兄弟之间和睦，晚辈孝而不愚，才能真正安定，兴盛长久。

孝是家庭安定的保障

人的一生受家庭影响很大，一个家庭是否安定和谐，会在潜移默化中影响和改变家庭成员的性格和行事作风。

《孝经》云："夫孝，德之本也，教之所由生也……夫孝，始于事亲，中于事君，终于立身。"

这里的孝，不仅是指对父母长辈的尊敬，更是一种以敬处世的修养和态度。

孔子说："父母在，不远游，游必有方。"

曾国藩是一个极重孝道的人，为了谋取功名，他离家入京为官，虽然不能陪在父母身边，但他常常写信，向父母汇报自己的生活情况，也对家中的事情详细过问。

京城与湖南相距遥远，曾国藩的信一写就是30年，保留到现在的仍有近1500封，平均下来每月要写4封信。

正是这样频繁的通信，让曾国藩的父母减少了思念之苦。

曾国藩在做翰林院编修时，曾经煞费苦心，找到能滋补的"阿胶两斤，高丽参半斤"，托人捎回湖南，孝敬父母。

他的那些信件，看似寻常，却处处透着对父母和弟弟们的挂念。

比如父母担心他钱不足，他则禀告父母自己事事俭省，实在不够，还可以找朋友挪借，让他们不要担心。

比如将庆贺祖父祖母寿辰的盛况、收到的礼物详细写下，汇报给父母，又报告自己身体无恙，妻儿也都平安。得知弟弟想要离家读书，曾国藩又担心父亲为"家事日烦"，很难在家塾学堂管教，希望能分担一部分照顾、指导弟弟的担子。

比如弟弟想回家，又决定不回；比如自己又吃了什么药；比如"儿子等在京城谨慎从事，望父母亲大人放心"。

他自己频繁地写信，同时也督促弟弟们时刻挂念父母，多写信问候。

一次，曾国藩收到家信，父母不仅询问他的近况，还特意询问了弟弟的情况，曾国藩便催促弟弟尽快写信回家。

得知弟弟因为手头拮据，想等有钱了再写信，一并寄回，曾国藩便教导弟弟，父母是因为担心才询问情况，他们需要的不是金钱，而是一切平安的消息。

可以说，曾国藩深知父母的苦心。

在给弟弟的信中他写道："第一强调和睦，第二贵在体现孝道。推广祖父母的爱，用来爱叔父，推广父母的爱，用来爱温弟的妻妾儿女以及兰、蕙两家。"

一个人从出生开始就得到父母长辈的尽心养育，这样的恩情如果不肯记取，不知回报，其后的人生中又怎么可能懂得感激和回报他人？这便是所谓的"德之本"。

懂得孝敬父母的人，他们的家庭大多安定和睦。

年少时孝敬父母，将长辈的教诲牢记于心，能规范自己的言行举止。虽然阅世尚浅，经验不足，但有长辈的经验指导，在外面就不会惹祸，更不会连累家庭。

曾国藩的祖父就曾告诫他要慎言。阅历丰富的老人能给出适合子女晚辈的建议，帮助他们渡过一个个人生难关。

能做到孝的人，说到底是懂得感恩和回报。因为感念父母的养育之恩，希望父母长辈过得快乐。

一个人懂得"投我以木桃，报之以琼瑶"，心里藏着温柔与善良，便是最好的教养。

这样的人相遇相知，最后组成的家庭，无须刻意保持，自然安定和谐。

事有黑白，孝分愚智

不知从什么时候开始，孝与顺连成一体，孝敬长辈，往往成为一种无条件的顺从。

自古忠孝难两全，可见孝在人们心中的地位。但孝是对父母应尽的孝敬，顺则是言听计从。一个人孝敬父母长辈是正确的，但问题往往出在"顺"上。

很多人信奉"天下无不是的父母"，却忽略了《论语》中更重要的观点："君君，臣臣，父父，子子。"

凡事都有黑白，是非曲直泾渭分明。孔子认为，做君主的要有君主的样子，臣子也要有臣子的样子，做父亲、做儿子也是一样，都要有符合角色的样子。

换言之，父辈首先做到守德慈孝，为人表率，晚辈就会孝敬顺从，家庭自然和乐。

东汉时的黄香幼年丧母，与病弱的父亲相依为命。

黄香极为孝敬，夏天睡前用扇子驱赶蚊子，将父亲睡的床和枕头扇得凉爽一些，到了冬天，他会先躺下，用自己的体温将被子焐热。在父亲面前，他总是表现得兴致勃勃，让家庭气氛始终和谐欢愉。

孝的道理看似宏大，做起来却往往简单，黄香的孝都在细处，曾国藩催促弟弟给父母写信报平安也是如此。

人人都知道孝是好事，却不知道愚孝会将一个家庭推向深渊。

晋代郭巨是个大孝子，父亲去世后他与兄弟分家，独自供养母亲。后来家道中落，母亲舍不得吃饭，留给小孙子吃。郭巨担心母亲身体，与妻子商量要将3岁的儿子活埋，省下粮食给母亲享用。

郭巨的理由竟然是："儿可再有，母不可复得。"妻子不敢反驳，所幸郭巨在挖坑时发现了天赐的黄金，足以保障一家人的生活。就这样，郭巨一家过上幸福的生活，他孝顺的美名也传遍天下，成为二十四孝中的典范。

可是这样的愚孝，却让人深感可怕。

郭巨的做法被后世人写书写文痛骂。孝是好好侍奉亲人，若不合人情事理，就是每天山珍海味也是不孝。为母杀子，是陷亲人于不义，是大罪不可恕。

试想一下，如果郭巨真的将孩子活埋，回到家又该怎样面对母亲的询问，如果母亲知道了真相，郭巨的行为真的是孝吗？

有些事，先分黑白，再论优劣。有些孝，看似感天动地，背后却藏着无比的愚蠢。

很多人对长辈无条件地顺从，但一个人不可能一生不犯错，当父母渐渐老迈，可能因为跟不上时代的变化，或因为过分相信自己，一意孤行，做出错误的决定。

如果明知长辈的做法有问题，却不去劝阻，反而一味地顺从，那只是愚孝。

《孝经》中记载，曾参曾问孔子，子女顺从父母，就是孝吗？

孔子忍不住反复感叹："是何言与！是何言与！"这说的是什么话！

顺从就是孝，简直像个笑话。

君主有谏官劝谏，父母有子女劝说，能避免陷于不义。如果父母做的事有不仁不义之处，子女就要劝说他们，而盲目地听从父母的命令，会使父母陷入不义之中，又何谈孝？

一个人在小时候缺乏学识和经验，需要听从父母的教导，但随着年龄的增长，他也在不断完善认知，渐渐不弱于父母，甚至超过父母。这时，孝敬父母的方式就不再仅限于顺从，而是需要陪伴和引导他们在新的时代里走得更从容。

很多时候，孝不是刻意之举，只要时常将父母放在心上，做出的行为就是最好的孝。

就像曾国藩在为母亲守丧期间，没有刻板的死守丧期，而是为国出山，训练湘勇。正是这支队伍后来为曾家获得了无上荣耀。

父母的愿望，无非是希望子女事业顺利，生活顺遂，曾国藩的孝，是真正的孝。

因为孝，所以顺。选择顺，是不愿让父母伤心，但这一切的前提是有底线、有原则的。

孝、顺，需要父母与子女相互妥协，相互体谅。

孝、顺，只强调因孝而顺，不注重相互尊重，也不会有孝，而假意顺，不是真顺，无益家庭幸福。

和睦的根源是爱

人与自己的父母相处，偶尔也会感到不快，更不要说与兄弟姐妹相处。

性情、行事风格、对事情见解上的不同，往往会产生比较，更免不了生出嫌隙。

在曾国藩看来，为人子，在父母面前获得独宠，这是陷父母于不慈不义，是不孝；在亲友中将兄弟比下去，则是不悌。

孝悌和家，失了孝悌，家道必将衰微。

兄弟之间不该分出高低，最好像《世说新语》中记载的陈纪、陈谌兄弟一样，德才兼备，不相上下，无论是父亲、儿子，还是周围百姓，都很难说出他们孰高孰低。

因此，曾国藩在家信中反复强调的兴家要义，第一就是兄弟和睦，第二则是重视孝道。

咸丰七年（公元1857年），曾国藩曾因为一点儿小事，与弟弟在家中争执起来。后来他反省悔憾，为此郁郁寡欢，甚至用这件事告诫儿子曾纪泽，让他引以为戒。

事实上，曾国藩与几个弟弟之间感情深厚，战争中更是患难与共，才得以渡过难关，获得荣耀与地位。

人知感恩，父母对我们有养育之恩，兄弟姐妹却没有。长期生活在一起，日常小摩擦往往积累成大仇恨，兄弟姐妹之间反目成仇的例子比比皆是。

董明珠担任格力销售部经理时，一次销售旺季，武汉一家经销商想通过她哥哥提货，并许诺了高额的提成。董明珠得知后一口回绝，并直接打电话给对方要停止供应。

哥哥被驳了面子，觉得董明珠不近人情，六亲不认，一气之下与董明珠断绝了关系。

董明珠宁愿背着"六亲不认"的名声，也坚决不肯开这样的先例，她担心日后手下其他人也会效仿，最终造成无法收拾的局面。

就这样，因为立场不同，兄妹二人僵持了很多年。

真正能保持和睦的，不是一个人事事退让，也不是身边的人时时克制，而是怀着对彼此的爱，因为爱戴、爱护，进而理解、包容。

曾国藩相信，"家和则福自生"，道理人人懂，想做到却千难万难。而曾国藩能做到兄弟和睦，究其根源，是他对弟弟们怀着深切的爱护之情。

在家信中，无论是弟弟们的德行、思想，还是交友、处事，再到读书、立业，曾国藩无不"指手画脚"，费心教导。

韩愈在《师说》中提到，"爱其子，择师而教之"，爱自己的孩子，精心选择老师来教导他们，曾国藩"爱其弟"，也为他们的未来费心计划。

在京城做官，他不断写信督促弟弟们读书："吾人只有进德、修业两事靠得住。进德，则孝悌仁义是也；修业，则诗文作字是也。"

给父亲写信，说到四弟天分平常，必须坚持学习，不能耽搁，六弟高傲不羁，但已经受了挫败，应当和九弟一起去省城读书，学费由他来承担。

后来，曾国藩更是让几个弟弟前来京城，在自己身边读书，为他们创造各种机会。

因为责任心强，又热切盼望弟弟们早日成才，曾国藩不仅劝诫、督促、鞭策、管教，还会不留情面地责备他们，但同时，他又慈爱如母，鼓励他们对自己进行批评指正。

一次谈心，曾国荃向他提了很多意见，一直说到二更天。曾国藩耐心倾听，之后还努力自省，改正自己过于严厉、好为人师的缺点。

能做到这一切，皆是出于对弟弟们的爱护。

曾国藩每次给弟弟们写信，在不知不觉中，都写得很长。他自己也说："吾每作书与诸弟，不觉其言之长，想诸弟或厌烦难看矣。然诸弟苟有长信与我，我实乐之，如获至宝……"

曾国藩知道弟弟们可能厌烦自己的长信，但收到弟弟们的长信，却是一大乐事。

正因为一心盼望兄弟和睦，曾国藩在得知"妯娌及子侄辈和睦异常"时，才会特别写信称赞，将他们比作汉代兄弟友爱、同起同眠的姜肱兄弟。

只有源于爱的理解和包容，才能创造真正的和睦，才是真正的兴家之德。

所谓德，看似虚幻难测，其实说到底，不过是爱亲人、爱他人、爱世界的能力。

因为爱，才有了慈，有了孝，有了和睦，也有了宽容。

勤为兴家第一要义

　　凡一家之中，勤敬二字，能守得几分，未有不兴，若全无一分，无有不败。

　　自古勤奋就是美德。勤能补拙，勤以致远，"一勤天下无难事"。曾国藩认为，人能守得几分勤与敬，家庭就能兴盛几分，反之则必然衰败。究其根源，因为勤是一种能使人向上的力量，人既然蓬勃向上，家庭自然也兴旺发达。

勤奋创造更多时间

有人说："时间是个常数，但也是个变数。勤奋的人无穷多，懒惰的人无穷少。"

时间对于每个人都是公平的。但是，有些人总觉得时间不够用。那该怎么办呢？就像鲁迅写的那样："时间就像海绵里的水，只要愿意挤，总还是有的。"那些愿意去挤的人，时间仿佛被他们拉长，能做更多的事，学到更多的东西。这些比其他人"多出来"的时间，是勤奋创造出来的。

曾国藩自认愚钝笨拙，秉承着笨鸟先飞的道理，他极为勤奋。无论学习、办公、带兵，都要求自己努力勤奋。

勤奋的第一条，便是早起。在曾国藩看来，一个人如果连早起都做不到，就不可能勤奋。

"居家以不晏起为本"，"欲去惰字，总以不晏起为第一义"，"黎明即起，醒后勿沾恋"。想勤奋，必须先早起。

曾国藩自己身体力行，也要求家人、部下都做到，特别是对于儿子，要求格外严格。

长子曾纪泽再婚迎娶刘氏时不过21岁，刘氏20岁，两人风华正茂，又逢新婚宴尔，曾国藩却在家信的开头特别告诫他们要早起。

"我朝列圣相承，总是寅正即起，至今二百年不改……"前人早起，家中祖辈也都是天不亮就起床，若有事要处理还会将时间提前。曾国藩教导儿子，"当以早起为第一先务"，不仅自己要早起，让新婚妻子也养成早起的习惯。

在这样的倡导、监督和训诫下，家人黎明即起，洒扫庭除，幕僚、将领无不效法。

通过早起，开启勤奋的一天，既能振奋精神，又能让人精力充沛，既可养生，又能磨炼意志，是保证后辈身体和精神健康成长的有效方法。

当一个家庭人人习惯早起，自然不会花天酒地，玩到半夜。而身体强健，习惯良好，会让一个家庭代代兴盛。

在古代电力没有普及的时候，夜晚需要用油灯或蜡烛照明。

富贵人家有财力让家宅灯火通明，普通人家若有读书的学子，才会点一盏小灯。

那些为了省钱不掌灯的家庭，大多早早睡下，第二天也能早早起床。

曾家并不缺灯油钱，曾国藩却让全家人早睡早起，为的只是养成勤奋自律的习惯。

这种长期养成的习惯，让人做事更加高效，行动和思维更加敏捷，能在有限的时间里学得更多，做得更多。这就意味着，创造出更多的时间，无形中延长了自己的生命。

在曾国藩看来，勤奋是一个人一生都应该培养的习惯。

"未有平日不早起，而临敌忽能早起者；未有平日不习劳，而临敌忽能习劳者；未有平日不忍饥耐寒，而临敌忽能忍饥耐寒者。"

平时不早起，敌人来袭时就会起不来。平日训练不刻苦，敌人来时就会难以应对。平时忍不了饥寒，被敌人逼入险境时就会忍不了饥寒。因此，"习劳为办事之本"，只有勤奋的人，才能吃苦耐劳，才能创造更大的功绩。

早起，不过是勤奋最直观的表现，也是最容易培养的习惯。

也许一个人的成功不只依靠早起，也不只依靠勤奋，但如果连按时起床的自律都没有，又怎能勤奋不懈，怎能争分夺秒地利用有限的时间和生命，创造更大的价值？

这世上最可怕的不是别人比我们优秀，而是那些优秀的人比我们更努力。

笨鸟想先飞，伶俐的鸟更想先飞。与其花时间去比较谁更快，不如尽己所能做到高效率、不拖沓。

如果不知道该如何努力，至少先勤奋起来，如果不知道该如何勤奋，至少先做到早起。

因为，早起至少能让你拥有一个好的身体和充足饱满的精神，总是百利而无一害的。

懒散的人禁不住诱惑

勤奋是一种习惯，懒散也是。

曾国藩说："天下古今之庸人，皆以一惰字致败。"一个人一生碌碌无为，都是因为懒散怠惰。

懒散的人，做事缓慢，注意力不集中，也很难体会到精神张弛之间的快乐与轻松，他们往往无所事事，或是对任何事都兴趣索然。

时间久了，身体怠惰，精神空虚，很容易禁不住诱惑，不是妄图寻找捷径，就是游手好闲，日渐颓废。

曾国藩最担心的，是后辈因家境优越养成懒散的习性。

咸丰四年（公元1854年），曾国藩写信给弟弟，郑重提出守得几分勤，家族才能兴盛几分的观点，希望弟弟们能成为子侄的榜样。

"一代疏懒，二代淫佚，则必有昼睡夜坐，吸食鸦片之渐矣，四弟九弟较勤，六弟季弟较懒；以后勤者愈勤，懒者痛改，莫使子侄学得怠惰样子，至要至要！"

第一代人懒散怠惰，下一代人便会骄奢淫浮，白天睡觉晚上玩乐，最后染上吸食鸦片、赌博这些恶习。因此，从弟弟们开始，曾国藩就要求他们勤奋再勤奋，有懒散缺点的必须改正。他教导子侄在读书之外，还要"扫屋抹桌凳，收粪锄草"，千万不能养成懒散怠惰、好逸恶劳的习性。

曾国藩在给长子曾纪泽的信中，让儿子向"别人家的孩子"学习。

姻亲陈岱云家的儿子比曾纪泽年长一岁，诗作获得学院第一名，他没有父母，家庭清贫，尤为勤奋好学。反观曾纪泽，在家庭的庇护下虽生活无忧，"衣食丰适"，却少了上进心。

古人云："劳则思，思则善心生，逸则淫，淫则忘善，忘善则恶心生。"孟子曰："生于忧患，死于安乐。"

"吾忧尔之过于佚也。"曾国藩一想到儿子活得"太快乐"，就感到忧心忡忡。

他不仅对弟弟子侄耳提面命、写信告诫，就连女眷，曾国藩也要监督。

生于富贵人家的儿媳入门，曾国藩要求她"入厨作羹，勤于纺织"，做寻常女子的工作。家中姑嫂，每年要做一双鞋，连同用自己织的布做成的衣服袜子一并寄给曾国藩，表达孝心和关心，也争相展示自己的女红技巧。

曾国藩通过这些，观察监督着"闺门以内之勤惰也"。

女人贪图享受，不可以；能走路抵达的地方，子侄辈不可以坐轿骑马；女儿们要学烧茶煮饭……曾国藩可以说是全方位的监督。

在曾国藩看来，"勤者，生动之气"。勤劳起来，自然生机蓬勃，一切向上。

人是越养越懒的，头脑是越用越活的。"身体虽弱，却不宜过于爱惜。精神愈用则愈出，阳气愈提则愈盛。每日做事愈多，则夜间临睡愈快活。若存一爱惜精神的意思，将前将却，奄奄无气，决难成事。"

曾国藩对家人严格，对自己更加严苛。他人在军中，仍然读书写字，不曾间断，哪怕老眼昏花，没有太大长进，也坚持不懈，从未怠惰。

他要求弟弟们"但在积劳二字上着力，成名二字则不必问及，享福二字更不必问矣"，要求子侄们"不可浪掷光阴"，踏入懒散的泥潭，如温水煮青蛙，不知不觉越陷越深。

韩愈在《进学解》中写道："业精于勤荒于嬉，行成于思毁于随。"曾国藩则在日记中写道："百种弊病，皆从懒生。懒则弛缓，弛缓则治人不严，而趣功不敏，一处迟则百处懈也。"

不勤，人心散漫，内心意志不够坚定，遇事自然避重就轻，趋利避害，追求享乐，既不能吃苦，也不能奋进。没有健康的生活习惯和良好的精神面貌，长此以往，终究会引来灾祸。

"弛事者无成"，懒散的人纵然天赋再高，也只能"荒于嬉""毁于随"。

懒散，怠惰，得过且过，风平浪静的寻常日子，不肯磨炼心性，不愿磨砺意志，遇到人生凄风苦雨，也注定无力保全自己，更不可能冲破风雨，拥抱晴空与暖阳。

勤奋是种自律，要对自己负责

曾国藩在给家人和下属的信中屡次提到"勤字所以医惰"，"劳所以戒惰也"，多动一分，就离懒惰远一分。

人人都知道勤奋是一种美德，勤奋使人距离成功更近，但有些人明明很勤奋，却还是看不到成果，仿佛总在原地踏步，这是为什么呢？

其实，忙碌与勤奋并不能画等号。一个人每日忙碌，却未必真的勤奋，而那些勤奋的人，每天过得充实，却未必忙碌。

勤奋的人，做事是为了提升自己，忙碌的人，只是用事情将时间填满，反而很少考虑所作所为是否真的有益于修身进学。

曾国藩对家中男子的要求是"看、读、写、作"，读书、练字、写文章、劳动；对家中女子的要求是"衣、食、粗、细"，纺纱、制作食物、刺绣、做鞋、缝衣。在家时他甚至在固定的时间亲自检查。

这些要求与一般的忙碌无异，目的是让家人远离懒散，保持勤俭。

同治六年（公元1867年），57岁的曾国藩记下自己的作息和工作：

早饭后清理文件，见客人，练字一张，检查下属的马步箭训练情况。下了两局围棋，之后读书至中午。

午饭与朋友一起吃，吃完饭再次见客，之后审阅当日文件，核对了一封信稿。

傍晚时分前往后园散步，晚上核对批稿簿和多封信件，近10点时诵读古文，不到10点半睡下，凌晨近3点时醒来，又稍稍多睡片刻。

曾国藩的一天，可谓充实而忙碌，其间并没有专门留作休息的时间，其实，下棋、散步、朗诵古文，便是他工作间隙休息和放松的方式。

真正勤奋上进的人，努力做完一件事，虽然劳累，但内心满足而快乐。也许最初是强迫自己勤奋，但得到回报后，这种勤奋就成为快乐的"辛苦"，曾国藩便是如此，"勤劳而后憩息，一乐也"。

勤是自律，是对自己负责，是时时检查和反省自己，以一时的劳累和受限，换取其后一生的自如。

勤是一种习惯，是每一步都在前进、在提升的自我要求，而不是用重复的行为让自己忙忙碌碌。

随着年纪的增长，曾国藩官越做越大，远离之前穷困征战的日子，他常常感言自己是"膏粱安逸之身"，很难再担负起重任，更无法像明朝名臣孙承宗、史可法那样，"极耐得苦"，成为一代伟人。

凡事向更高的地方看，做人盯着比自己更好的榜样学习，才是真正的勤奋。

"家勤则兴，人勤则健。"这是需要日久天长养成的习惯，也是受益无穷的能力。

成功没有一蹴而就的，人生也是如此。勤奋不是手忙脚乱，不是像陀螺一样连轴转，也不是每天无效地加班到半夜。

　　真正的勤奋，不是你看起来在做多么了不起的事，而是要将那件自己认定的小事坚持做好。

　　勤奋的人，事业与生活永远不会太差，因为他们有积极乐观的心态，有改变困境的能力，也有不断进取的精神。

居家之道，惟崇俭可以长久

　　居家之道，惟崇俭可以长久，处乱世，尤以戒奢侈为要义。

　　人们往往在外谨慎，在家放松，在家时若不能自律，很可能因惰性生出恶习。因此，曾国藩强调家居生活必须节俭，节俭能让家中福气延续更久，也能在乱世中得到保全。

乐道者往往安贫

曾国藩以"俭"字行之终身，对"崇俭习劳"，可以说是耳提面命，反复告诫："盛时常作衰时想，上场当念下场时。""艰苦则筋骨渐强，娇养则精力愈弱也。"

入京为官后，曾国藩看多了京城子弟的纨绔作风，他坚持让子女留在老家居住，又坚持以廉率属，以俭持家，"誓不以军中一钱寄家用"。

因此，曾国藩家眷的乡居生活相当节俭，甚至有些贫窘。

夫人在家时亲自下厨、纺纱织布，直到曾国藩担任两江总督，驻扎安庆，她才带着女儿、儿媳搬到安庆督署，那时一家人已有近十年分居两地。

为了迎接妻女儿媳，曾国藩置办了七架纺车，让她们自纺棉纱。于是，堂堂两江督署的后院开始整日响起纺车声。

穷时节俭，成为显贵之后，曾国藩更加强调节俭："内间妯娌，不可多讲铺张"，"以俭字为主，情意宜厚，用度宜俭，此居家乡之要诀也"。

因为人们往往更爱享受，而由俭入奢易，由奢入俭难。

曾国藩一生穿着朴素，布袍、鞋袜由家中女眷制作，30岁那年，他做了一件天青缎马褂，只有庆贺、过节和会见亲朋时偶尔穿一次。因此，这件马褂在30年后依旧如新。

官至大学士时，曾国藩还被人戏称为"一品宰相"，因为他每餐只有一个荤菜，就连吃到带壳的稻谷，也会咬开稻壳将里面的米吃掉。

不仅如此，曾国藩还在家信中教导弟弟们，日常生活零碎的物件不要随手丢掉，"嗣后务宜细心收拾，即一纸一缕，竹头木屑，皆宜捡拾，以为儿侄之榜样"，以便日后需要时使用。

有时候，看似不重要的东西，反而有意想不到的用处。东晋大将军陶侃在主持造船时，曾命将士将剩下的木屑和竹头全部收集起来。

后来，一次大雪过后，木屑被用来垫路防滑，多年后荆州刺史桓温为伐蜀造船，铁钉不够，那些竹头便被搬出，做成竹钉使用。曾国藩对节俭的追求，也如东晋陶侃一般，小物妥善收藏，以备大用。

曾国藩崇尚节俭，甚至对此三令五申，是担心弟弟子侄们被奢靡的生活侵蚀心智，变得怠惰起来。

"世家子弟最易犯一奢字、傲字。不必锦衣玉食而后谓之奢也，但使皮袍呢褂俯拾即是，舆马仆从习惯为常，此即日趋于奢矣。见乡人则嗤其朴陋，见雇工则颐指气使，此即日习于傲矣。"

对女儿，曾国藩的要求也很严格，"衣服不宜多制，尤不宜大镶大缘，过于绚烂"。衣服别做太多，也不要过分装饰，朴素为重。

人一旦习惯奢侈，就会注重享受，不会勤奋进取，一生会毁于此。

大道至简，最深刻的道理，往往需要最简单的内心才能窥见。

就像孔子对颜回的夸奖："贤哉，回也！一箪食，一瓢饮，在陋巷，人不堪其忧，回也不改其乐。"

居于破巷，饮食粗陋，却自得其乐，正是曾国藩在家信中的告诫："勤俭自持，习劳习苦，可以处乐，可以处约，此君子也。余服官三十年，不敢稍染官宦之气。"

曾国荃成为巡抚后，家中子孙增多，客人往来，又新建了一座房屋。曾国藩听说后，写了一封加急信件给弟弟，说："新屋搬进容易搬出难，吾此生誓不住新屋！"

说到做到，曾国藩一生没有修建新屋，在两江总督寓所一直生活到病逝。

这世上，有人追求宝马香车，有人追求至高理想，那些偏爱理想的人，往往因为沉浸在自己的兴趣中，安于贫甚至乐于贫。

清醒睿智的人，对生活的要求往往不会太高。在他们的世界里，精神上的富足才是最有价值的存在。

追求精神上的富足，实现理想中的目标，安于寻常朴素的生活，这样的人，无论生活在什么年代，身处怎样的环境，都不会被埋没。

用减法守住本心

有人说，人一出生就在不断做加法：年龄、学识、见识不断增加，身边的物品也在增加。慢慢地，我们被物品包围，被名利包围，沉浸在身外之物汇集的汪洋中，忘了学着做减法，也忘了给自己留出向前走的空间。

随着"断舍离"的概念越来越火，很多人开始清理身边的杂物，排解内心的杂念，尝试从繁杂的物质生活中抽离出来，重新审视自己的内心。

诸葛亮在《诫子书》中教育孩子："静以修身，俭以养德。非淡泊无以明志，非宁静无以致远。"

曾国藩则一直恪守着"俭以养廉"的原则。他在官场久了，深刻地意识到做官时间越久，人越容易产生骄奢习气。

人若爱奢侈，最终难免入不敷出，埋下贪腐的隐患，更容易给人留下把柄。曾国藩曾写下"能俭约者不求人"之语。有些事向他人求助，看似没有损失还获得了帮助，但人情债可大可小，清贫时借给你钱的人，等到你权力大了，很可能向你索要其他回报。

因此，曾国藩在京城做了八年官，即便再穷，也不愿轻易接受他人的恩惠。

一个人的心力有限，有太多物欲，背负太多人情，那用在自己身上的力量就会减少。如果不断被身外之物牵绊，不断被他人恩惠掣肘，就会很难守住本心，也不可能过好自己的人生。

秉持着"严于律己，宽以待人"的原则，曾国藩对家人也提出同样的要求。得知弟弟时刻留意节俭，曾国藩便毫无保留地进行夸赞，对于弟弟将原来出行时所需的两名轿夫和一名挑夫增加到十几人，曾国藩特别强调要"随处留心，牢记有减无增四字"。

一个"有减无增"，透露着他对俭的极致追求。从生活小事到举止习惯，要求减到最低，如果不能减少，至少做到绝不增加。因为奢侈之后再想返归于俭，难如登天。

曾国藩京城的寓所中几乎没有什么值钱的东西，除去正常摆设，只有衣服和书籍。

不过就连这些，也不全都是他自己的。曾国藩打定主意，要在退休后只留下夫人需要的衣服，其余的与其他兄弟抓阄平分。书籍则统一收藏，共同阅览，谁都不能私自拿走一本。

在他人看来，作为朝廷大员，他的生活已经极为朴素节俭，但曾国藩依旧保持着警醒。一次听说有位将军一家四代都是一品大官，家中女眷却从没穿过绸缎，曾国藩深受震动，一时间他感到自己和家人还做得不够，深恐享受太过，足以折福。

一个人越不追求享受，内心就越丰盈。守住本心，认清自己，比什么都重要。

节俭需从小事做起，却绝非小事。

一个家族中的人奢侈放纵，即便再富有，也会因为子孙的懒散挥霍坐吃山空；一个人不知节俭，不懂减欲，很可能为了满足物欲走上歧路，贷款买大量奢侈品却无力偿还。这样的例子比比皆是。

从这个意义上来说，以"俭"求"简"的自律，同样是人生中必不可少的修行。

真正的俭，是懂得收敛

在曾国藩写给弟弟的家信中有这样的话："俭者，收敛之气。"

"敛"与"藏"一直被曾国藩奉为立身要义，他身居高位，凭借的正是处处小心、言行收敛的智慧。

一个人的习惯，在外表现为俭，在内心则是敛。

若只是做到在表面上、形式上节俭，内心却狂妄自傲，追求虚荣风光，生活中就会不断出现所谓的"必需品"，与真正的"俭"看似只失之毫厘，实则谬以千里。

正因为懂得收敛，在财富上曾国藩也时时谨慎。

他提醒父母，将前一年的收入留出一些，又告诫弟弟们"每用一钱，均须三思"，不要全部用于买田置地，"以后望家中毋买田，须略积钱，以备不时之需"。

当曾氏兄弟立下战功，官位显赫，老家修建祠堂时，曾国藩直接指出费用太高，要弟弟们爱惜物力。

"沅弟有功于国，有功于家，千好万好，但规模太大，手笔大廓，将来难乎为继。"修建祠堂纪念功勋是件好事，但花销太大，太张扬的背后就是盛名难久，盛时难续。

因此，除了建祠堂，其他的全部被曾国藩裁减掉，让弟弟等十年之后再说。

"总之，爱惜物力，不失寒士之家风而已，吾弟以为然否？"这不仅是为了节俭，更是要弟弟们在建功后懂得藏锋收敛，不可太过引人注目，招来不必要的灾祸。

为了让家中子弟女眷尽可能养成节俭习气，曾国藩多次表示"不欲多寄银物至家"，"恐家中奢靡太惯，享受太过"。

正因如此，当曾国藩得知各家亲眷很多人都开始乘坐四人抬的轿子，包括长子曾纪泽也是如此时，心中非常担忧。

曾国藩在湖南就任总督时，家中子弟没人乘坐四人轿，回乡办团练之前，他是二品大臣，团练又是朝廷钦命的，但在办团练期间，他也不曾坐过四人抬的轿子。因此，听说此事后，他特别写信，埋怨弟弟们没有自我约束："弟亦只可偶一坐之，常坐则不可。"更直接点明，曾纪泽断不可如此奢华。

其实，曾国藩的俭与廉，不只是为了明哲保身，更是出于忠心和责任。

道光二十九年（公元1849年），三江两湖发生严重水灾，粮价飞涨，曾国藩之前就希望能购置一处"义田"，救助贫民，但却从未想过为自己置办田产。在给弟弟的信中他表示，自己的官俸除了孝敬父母，余下的"决不肯买一亩田，积蓄一文钱，一定都留有做义田的资金"。

就像春秋时期鲁国的季文子，《国语·鲁语》中记载他官至正卿，生活却节俭异常。一家人不穿绫罗绸缎，只着布衣，就连喂骡马也不用粟米，而是用青草。

孟献子的儿子仲孙它认为这样吝啬的做法是在给鲁国丢脸，季文子却说自己是因为看到百姓衣不蔽体、食不果腹，心中不安。更何况，为国增光的应该是人臣的高风亮节，而不是家中的女眷马匹。

孟献子得知此事，直接将仲孙它幽禁七日。此后，仲孙它痛改前非，率先学习季文子的行为，季文子看到他知错就改，将他提拔为上大夫。

一时间此事传为美谈，渐渐地鲁国上下遍行俭朴风气，季文子也成为执国政三十三年、辅佐三代君主的名臣。

曾国藩认为，想真正守住俭，先要学会事事知足，不贪功名，不好虚誉。

一个人在金钱上太过自由，容易两手空空囊中羞涩，在风险面前不堪一击；一个人言谈举止太过自由，容易不知不觉间招惹祸端，于己于家都是灾难。

居家崇俭，能真正做到，能始终保持，不仅需要毅力，更需要低调内敛的心性。

修炼好的品格，从来没有捷径可走，想要维持好的生活，也是同样没有捷径可言的。

半耕半读，慎无存半点官气

吾家子侄半耕半读，以守先人之旧，慎无存半点官气。不许坐轿，不许唤人取水添茶等事。其拾柴收粪等事，须一一为之；插田莳禾等事，亦时时学之，庶渐渐务本，而不习淫佚矣。

曾国藩要求晚辈子侄勤读书，同时亲自耕田劳作，守住先人勤劳风气，为人谨慎收敛，不沾官气，具体体现在不许坐轿、不许使唤他人取水添茶，要学习插秧、亲自拾柴拾粪等等，用身体的劳，锻炼务本的习惯，远离荒淫散漫的恶习，以保家族世代兴盛。

妄自清高是读书人的大忌

"万般皆下品，惟有读书高。"出自宋代汪洙的《神童诗》。

在以农耕为主的年代，读书是出人头地、位列朝班的唯一途径，正如诗中描述的："满朝朱紫贵，尽是读书人。"

可是，很多人读书眼界广、学识强后，便自觉高人一等，行事狂傲，待人挑剔。若是得偿所愿，步入仕途，便开始志得意满、颐指气使，若是无所建树，仍困于贫，便抱怨不停。这也是很多读书人遭人厌恶的原因。

人最可怕的不是没有本领，而是没有真本领却摆架子、顾颜面。

在曾国藩看来，读书人的傲气，为官后的官气，都是无用却有害的习气。为此他反复告诫弟弟要以身作则，教育子侄牢记"勤敬"二字。

"一家能勤能敬，虽乱世亦有兴旺气象；一身能勤能敬，虽愚人亦有贤智风味。"

曾国藩所处的年代，清朝已是日薄西山。生逢乱世，曾国藩最担心的就是自家兄弟子侄养出一身官气，四体不勤，五谷不分，失去立世谋生的能力。

"习劳为办事之本。"作为朝廷大员，曾国藩对后辈子侄的教育也从劳动开始。

读书是事业的基础，但人不能光读书，更不能因为读书脱离劳动和实践，"半耕半读"是最好的选择。

从勤俭出发，曾国藩要求家中子弟近途不可坐轿，远途只能选择代步小轿，取水添茶等小事要自己做，女眷多纺纱织布，洗衣做饭，男子拾柴收粪，下田插秧，"宜令勤慎，无作欠伸懒慢样子"。

这些要求，与很多人心目中的书生形象全然不同，更与一般的富家子弟所为大相径庭。

但这就是曾国藩所追求的。他与兄弟皆是朝廷大员，曾家在故乡已经成为名门望族，曾国藩生怕后代像很多京城子弟一样，妄自尊大，全无谋生能力，最终连读书也荒废掉了。

妄自清高的后果，不是目中无人就是文过饰非，既失了内心的平和，又断不肯再踏实上进，于人于事都没有半点儿好处。

读过很多书，思想睿智深刻，并不能成为高人一等的资本。更何况，只有具备谋生手段，才能让自己的生命延续，有时间去读更多书，锤炼更深刻的精神。

"富不过三代"绝非虚言

孟子曾说："君子之泽，五世而斩。"后来则演变为："道德传家，十代以上，耕读传家次之，诗书传家又次之，富贵传家，不过三代。"俗语"富不过三代"便是由此而来。

曾国藩通过苦读进入官场，又不断研习经典，将农、工、商贾、官宦各种家庭比较之后，得出结论：半耕半读是家庭的最优选择。也因此提出"耕读"传家的观点。

所谓传家，是让家族兴盛延续，绵延数代百代。在曾国藩看来，一个家庭能够兴盛不衰、人才辈出，离不开良好的家庭传统。

道光二十九年（公元1849年），他在给弟弟的信中这样写道："吾细思，凡天下官宦之家，多只一代享用便尽。其子孙始而骄佚，继而流荡，终而沟壑，能庆延一二代者鲜矣。商贾之家，勤俭者能延三四代；耕读之家，谨朴者能延五六代；孝友之家，则可以绵延十代八代。"

官宦家庭的繁盛，因为子孙骄奢、行为浪荡，往往连一两代都无法持续，无论是经商还是耕读家庭，都要仰仗勤俭、谨慎的作风，而以德传家则能更为长久。

德是全方位的勤俭、谨慎和自律，因此，曾国藩总结道："但愿其为耕读孝友之家，不愿其为仕宦之家。"

士大夫之家往往比耕读之家败得更快。仅读书，眼界虽宽但不能吃苦耐劳，因此，曾国藩要求家人早睡早起、亲自劳作来弥补。这些要求与普通农民无异，在曾国藩看来，曾家已经成为湘乡显赫的仕宦之家，更应当时刻谨慎，保持寻常家庭的良好风尚，遵守千百年延续下来的朴素习惯。

落实于细节，受益于德行。

曾国藩最怕的是后辈变成纨绔子弟，很快败掉家业，所以他希望能耕读传家。

曾家的男子，被要求从事普通农民的劳作，女子则要求做鞋、学做酱菜等等，完全是农耕家庭模式。

至于"读"，曾国藩指的不是应付科举考试的书，而是能明理的经典。弟弟们开始带兵后，曾国藩对他们的要求是能写奏稿，对儿子则更严格，读书、习字、作文，到为人处世的道理，要求他们先做到博学，再有专攻。

正如曾国藩从父亲那里学到的一样，读书不仅是为了光大门楣，忠君报国，更是为了成为明理的君子，以此传家，自然不会教育出败坏家业家风的后代。

就像北宋时期的范仲淹，花费大量钱财购买田地，作为义田救济贫苦族人与百姓，他的后代也纷纷效仿。后世几经战乱，义田曾经被毁，范仲淹的五世孙捐出全部私产，重新恢复义田。

范家的兴盛不衰，从北宋时期开始，直到清末，持续了近八百年，是绵延十代的真正典范。

一个家庭的风气中，藏着一家人的福气。好的家风，能让家庭兴旺和美，虽富不奢，虽盛不傲，破解"富不过三代"的方法，不是赚更多的钱，而是将更好的教育传给下一代。

君子务本，智者务实

曾国藩生活的时代开始"睁眼看世界"，但他仍然是一个很传统的人。

他的传统之处在于严格奉行忠孝思想，他的开放之处在于能跳出传统士大夫的读书理念，不为"仕"而学。

当时"学者不农，农者不学"，官宦人家和读书人都对农业不屑一顾，普通农家的孩子，则为了跳出农门，跃上龙门发奋苦读。

但在曾国藩看来，农业才是国民经济的根本："民生以稼事为先，国计以丰年为瑞。"他对下属说："今日之州县，以重农为第一要务。"要求家人子女谨守耕读之风，努力读书的同时，也要勤劳耕织。

这背后透露的，是曾国藩一生做事踏实的原则。

曾国藩行事谨慎，凡事求缓求稳，做官如此，带兵打仗更甚，这样的思想在管教子侄时表现为不许他们奢侈铺张，在金钱方面也体现得尤为明显。他认为理财之道，全在酌盈剂虚，脚踏实地，洁己奉公，渐求整顿，不在于求取速效。

有盈余时填补之前的亏空，不求快求多，慢慢积累，不碰红线，踏实稳妥。

作为朝廷官员，忠君为民，廉洁勤勉是他的本分。务本不越界，让曾国藩身上没有半点儿为官习气，不仅如此，他还自我监督和反省，时时留心一切可疑苗头，有则改之，无则加勉。

大多数为官之人都将自己的毕生精力投入官场，千方百计只想保住自己的乌纱帽，但曾国藩在56岁时却萌生了辞官的念头。

在曾国藩心里，官场险恶，总不能令他踏实安心，三十多年熬下来，他早已身心俱疲，精力不足。同治六年（公元1867年），曾国藩在给弟弟的信中提到：

"吾精力日衰，断不能久做此官。"

之前曾国藩北上行军，夫人率领全家回到湘乡老家，曾国藩给夫人写的信中也提到："余亦不愿久居此官，不欲再接家眷东来。"他希望先由妻子立定规矩，一家人能安居乡间，"以耕读二字为本，乃是长久之计"。

但事与愿违，曾国藩没能辞掉两江总督的官职，夫人只能再次率领子女前往南京督署。

渴望告别官场，回归乡居，是曾国藩务实。他清楚地知道，就算鱼跃龙门化而为龙，能腾云驾雾，最终依旧离不开水。人同样不可忘本，更不能留恋名利场。

智者务实，是懂得远离机巧，是做事脚踏实地，是懂得实践是检验真理的唯一标准。

前文中提到曾国藩勤于读书，兵书也读了很多，但在带兵过程中他发觉，有些兵法并不完全正确，甚至与其他条目还有相互矛盾之处，相比于只会纸上谈兵的赵括，他真正能做到从实际出发。

江河先有源头，才能汇集成流，树木需要深深扎根，才能枝繁叶茂，人也是如此。

曾国藩以封建传统的观念，得出最务实的结论是耕读传家，不可忘本；现代社会，最踏实的是戒掉浮躁，实事求是。

空有满腹学问，却不知如何应用于现实，学问再多也只是大脑中储存的信息，其价值也无法有效转化，自然无益于事业和生活。

像朋友圈里那些令人羡慕的生活片段，网络上那些或成功或暴富的故事，带给人们的往往是好高骛远、不切实际的想法。很多人缺少的不是好的计划和设想，他们缺乏的是脚踏实地的执行力。

想要做成一件事，先要像勤劳的耕牛一样低下头一步步向前。

君子务本，智者务实，不是老实本分，不求上进，而是牢记自身的能力与责任，戒掉浮躁，回归本心，先做好当下的事，再谋远方的梦。

人之气质，本难改变，惟读书则可变化气质

　　人之气质，由于天生，本难改变，惟读书则可变化
气质。古之精相法者，并言读书可以变换骨相。

　　人的气质天然形成，后天很难人为改变，但读书却
能使其变化。就连那些精通看相的人，也说读书能让人
"脱胎换骨"，焕然一新，可见读书带来的改变如何惊人。

读书的人烦恼更少

一个爱读书多读书的人，就算不够成功，也一定不会惹人厌。

《培根随笔》论读书的章节里有这样一段话："读史使人明智，读诗使人灵秀，数学使人周密，科学使人深刻，伦理学使人庄重，逻辑修辞之学使人善辩。凡有所学，皆成性格。"

读什么书，就会收获怎样的益处。曾国藩不仅以书信教导儿子，更是用实际行动证明，读书能改变人的性格和气质。

回忆过去，他30岁之前烟不离手，立志戒烟后再也没吸过，46岁以后做事无论大小，逐渐有恒，这说明人的习惯是可以改变的。

气质也是如此。

年轻时的曾国藩脾气暴躁，意气用事，但他勤奋好学，从身边良师益友处，从过去的经典中，学到了很多处世哲学。大量的阅读，让曾国藩能以前人为鉴，修正自己的性格，逐渐沉淀下来，变得稳重内敛。

因此，曾国藩格外注重对弟弟子侄的督促和教育，勤奋读书在家信中被反复提起。不仅要求家中的男子，就连女眷也要读书，包括读《幼学》《论语》等等。

在当时，女子很少读书，与其说曾国藩崇尚男女平等，不如说他对读书明智极为重视，他希望自己的后代，都能成为明事理、知荣辱、识大体的人。

读书可以解惑，有些想不明白的问题，往往能在书中找到答案，有些人是有针对性地寻找和查阅，追寻解答；有些人则是在某一天偶然发现，书中的一段话、一个观点，解答了多年的疑问，从此豁然开朗。

一个人不可能经历世界上的所有事，体会每一种情感，走遍各地，但却能在书中获得各种知识和体验。

书中不同的故事、观点，传达了丰富的知识，将前人的得失与成败，清晰地呈现出来。勤于思敏于学的人凭借这些间接经验，调整自己的原则和行事风格，时间久了，书籍的影响慢慢积累，潜移默化地改变一个人的性格和气质。

看了"三国"中张飞的结局，性情暴躁的人很难不反思；看到诸葛亮挥泪斩马谡，优柔寡断的人难免会感慨。

读书能让人的认知产生变化，但落实到改正性格缺陷上，却是漫长又艰苦的道路。

毕竟，懂得很多道理，人们也很难过好一生。而看再多的书，了解再多有益的事，不能踏实地从点滴日常做起，一切也是枉然。

事事警醒，时时自律，日日反省，这便是曾国藩的自我提升方法。除了强调读书，他还提醒儿子要有"坚卓之志"，才能如传说中服食金丹那样脱胎换骨。

读书越少，眼界越窄，遇到事情越不知该如何处理，导致一事错，事事错，人变得暴躁，怨气难解，气质全无。

曾经有一位年轻读者写信给杨绛，诉说自己遇到的种种困惑，希望得到杨绛的指点。

杨绛很认真地写了一封回信，其中的一句话至今被人反复引用："你的问题在于读书不多而想得太多。"

这并不是嘲讽，而是实实在在的告诫。杨绛曾将读书比作拜访，翻开一本书，就代表结识它的作者，走入作者的世界。一个人见的世面多了，就不会再被寻常问题难住，产生困扰。

有人说，读书是成本最低的投资，却能带来持续一生的收益。

读书从来不是目的，而是一种手段和渠道，是用更小的成本、更少的时间，换取前人、今人的经验教训和思想感悟。

没有人能一生顺遂，事事顺心，但懂得多的人总能找到更多解决办法，烦恼也总会少一些。

读书的目的决定未来

一个人因为什么而读书，因为什么而刻苦，往往会影响未来的走向。

为格物致知而奋进的人，往往能精益求精，为功名利禄苦读的人，最终很可能深陷其中，不仅无法再成长，也很可能过不好自己的人生。

曾国藩每天都要读书，就算再忙也要坚持，对家中子弟的要求也是勤读书。对于后辈的学习情况，他一直很关注。

最初是写信给父母，对弟弟们的教育问题提出建议："此时惟季弟较小，三弟俱年过二十，总以看书为主。"他认为除了一个弟弟年龄尚小，其他三个弟弟都应该认真看书，以便拥有立身之本。

无须思考名利问题，也不必纠结文章是否工整，认真看书，"或经或史，或诗集文集，每日总宜看二十页"。

曾国藩的想法很实际，他认为，就算不去考取功名，读书也没有坏处。因为不学习，随着年纪增长，"科名无成，学问亦无一字可靠"，将来就是想在家乡做个私塾先生都没有机会。

后来，他在给弟弟的信中常常问起后辈们是否勤奋，弟弟是否留心监督在家的子侄。

对曾国藩来说，读书是一件永远不能疏忽的大事。潜移默化地引导，足以让人焕然一新。因此，读书的目的也非常重要。

一个人为什么读书，直接决定了他会选择什么类型的书籍，获取哪方面的知识，更决定了他最终会在哪里止步。

曾国藩的目标远大，继承了孔孟与朱熹读书治学的传统思想，他认为读书治学的目的在于"修身、齐家、治国、平天下"，更简单地说，就是个人的德行与修养。

不过，自知愚钝、本性踏实的曾国藩还借鉴了宋代陈亮"经世致用"的思想，在他看来，读书的益处说大一些，可以保国安民，说小一些，也可以立业谋生，善养自身。

相比当时大多数人读书只为功名利禄的想法，已经非常超前。

早在年轻时，曾国藩就能认清科举与读书之间的关系。家乡中学问著名的先生只有一人，其他的"大抵为考试文章所误"。

很多人为了考取功名，埋头背诵科考文章，生怕读其他书会干扰文风，影响考试成绩。曾国藩却说他们"殊不知看书与考试全不相碍"，事实正如他所言，那些不读除科考用书外的人也没能考得更好。

我国著名数学家华罗庚初中毕业后，进入上海中华职业学校读书，但因为学费不足中途退学。

后来他通过自学，用五年时间完成高中和大学低年级的全部数学课程。19岁那年他不幸染上伤寒，虽然保住了性命，左腿却落下残疾。

在这样的情况下，20岁时的他仍然以一篇论文轰动数学界，被清华大学请去工作。

在清华大学工作期间，华罗庚又用了一年半的时间，学完数学系的全部课程，并自学英、法、德文，开始在国外杂志上发表论文。

从失学青年到数学名家，背后是数不清的书籍和大量时间精力的付出。华罗庚的努力，并不是为了考入名校学府，而是为了在热爱的领域了解更深，走得更远。

正因为这个理想，让他获得了进入清华的机会。而那些一心想考入清华，奋力备考的人，有些却落榜了。

读书的目的不同，结果也会不同。

纵横家苏秦是为了出人头地、挂六国相印而读书，周恩来总理是"为了中华之崛起而读书"。

诸葛亮曾经隐居隆中，与好友一同拜师，他读书"观其大略"，好友们则"务于精熟"，最终正如诸葛亮预言的那样，好友们官至刺史，而观其大略、求取精华的诸葛亮成为一代名相，千古流传。

一个人为了不同的目的读书，选择的书籍不同，阅读方法不同，受益不同，对自身的改变、对未来的影响也不同。

看问题的角度、面对问题的态度、处理问题的方向，从实践中得来，也从书籍中获取。

书籍是通向世界的窗口，影响着人们的未来。

与众不同的"笨人"读书法

现代人读书可以在乘车走路时听书，有拆书、共读、思维导图，古代人大多是抄写和诵读，但仍然留下很多读书方法。

比如三国时诸葛亮读书时的"观其大略"，东晋时陶渊明不求甚解的"会意"，清代郑板桥的"求精"。

还有更为细致的，北宋欧阳修读书"计字日诵"，将精选出的《孝经》《论语》《诗经》等十部作品计算字数，按每天熟读三百字的计划，用三年半的时间全部熟读。

苏轼则是带着一个目标，就一个问题精读探索，阅读《汉书》，第一遍留意"治世之道"，第二遍学"用兵之法"，第三遍重点看人物与官制，既有侧重，又在重复阅读的过程中熟悉内容。

明末清初的学者顾炎武则更讲究方法，读书分为"复读法""抄读法""游戏法"，每年春秋两季复习冬夏两季所读书籍，学习与复习交替进行，兼用手、口、脑，更全面地提高效率。

到近代，鲁迅提出看不懂的地方先跳过去，再向下读，就能明白之前的地方，若是一直盯着疑问处，就很难理解。

至于曾国藩，他认为自己是个笨人，无论做人还是读书，都不敢用太灵活的方法。

为了能专心读书，曾国藩为自己定下日课，一共有十二条，年轻时因为一些意外情况偶尔会有间断，从48岁开始，他决定坚持有恒，果然再没有间断过。

日课中有五条与读书直接相关，比如"读书不二"，一本书不读完，不碰第二本；"读史"，二十三史每日圈点十页；读书时记录心得；每月作诗文数首；饭后练字半个时辰。

有四条与日常生活有关，比如"静坐""早起""保身""夜不出门"，其中"保身"有保持身体健康之意，主要体现在节劳、节欲、节饮食上。

还有三条讲处事态度、修养、习惯，如"主敬""谨言""养气"。

表面上看，指导日常生活的日课与读书关系不大，但静坐可以凝神，提升注意力；早起能振奋精神，提高效率；保身能留存更多精力，夜不出门则不晚归，早睡即能早起。

一个人拥有良好的精神状态，读书的效率才能更高。

由敬而生的庄重自持，谨言带来的内敛沉静，养气造就的韧性恒心，都能让读书变得更容易坚持。

咸丰八年（公元1858年），曾国藩已经近50岁，在处理军务的同时，还给自己增加了任务，每天在规定时间复习旧书、读新书、写笔记，还要为求诗求字的幕僚、友人题诗题字。

除了眼到、心到，曾国藩还追求手到、口到，读书时用笔圈点好句，并大声朗读出来，读书声若金石之鸣，是君子一大乐事。

除了"看、读、写、作"四要，认真看，读出声，多练字，勤写文章，还有"约、专、耐"三法，即读书少而精，专于一本，耐心理解吸收，不以速度取胜。

与为人处世一样，读书需要积累，"求速效必助长，非徒无益，而又害之。只要日积月累，如愚公之移山，终究必有豁然贯通之候"。

关于自己的读书习惯，曾国藩用"猛火煮"与"鸡孵卵"来比喻。

阅读一本新书，先速读，如"猛火煮"，每天至少看二十页，如果一开始就深究细读，往往进展缓慢，难以坚持，可能数年读不完一本。因此面对新书，应当像煮饭一样大火煮开。"凡读书有难解者，有一字不能记者，不必苦求强记，今日看几篇，明日看几篇，久久自然有益。"

到了温习阶段，则追求熟读精读，如"鸡孵卵"，用耐心慢慢熬，反复看。

正是凭着这些方法，曾国藩这个"笨人"得以博览群书，从书中领会到的前人思想和智慧，也成为他的宝贵财富，无论是行走官场还是教育子女，都产生了极大助益。曾家子女能获得更全面的智教与德育，也离不开曾国藩勤读书、会读书的习惯和方法。

借鉴前贤已有的经验，选择更适合自己的方式，按照自身情况调整，这本身也是一种学习能力。

人生不长，要把时间与精力留给更重要的事。学海无涯，要用更好的方法去探索。工欲善其事，必先利其器。用更科学的方法读书，事半功倍地汲取知识和经验，远比自己揣摩方法更加高效。

给孩子留财，不如教孩子谋财

仕宦之家，不蓄积银钱，使子弟自觉一无可恃，一日不勤，则将有饥寒之患，则子弟渐渐勤劳，知谋所以自立矣。

做官的人家不会积攒钱财，为的是不让家中子弟好逸恶劳，而是让他们保持勤奋，学会自食其力。这也是曾国藩一贯的态度。他认为，让后辈学会谋生才是最大的成功。

授之以鱼，不如授之以渔

父母都希望子女衣食无忧，但养尊处优未必是好事。

有人说："儿子要穷养，女儿要富养。"真正的穷养是培养男孩的抗压能力，富养是让女儿更有见识。那些只从字面意思理解"穷养"和"富养"而采取的养育方式，被很多事实证明是错误的。脱离了德与智的熏陶和教育，缺少正确的价值观、人生观，穷养的孩子容易自卑自弃，甚至走上邪路；富养的孩子亦经不起一丝风雨，也完全没有识人自保的能力，无论怎样，都不算优秀。

在曾国藩看来，想要子女更有出息，万万不可给他们多留钱财："大约世家子弟，钱不可多，衣不可多，事虽至小，所关颇大。"

曾国藩生于农家，多次参加科举考试，等到金榜题名，家中财产所剩无多，他从穷官到高官，看尽了官场的险恶，也深知金钱既能帮人，亦能害人。

若是父辈官运亨通，家财万贯，子女自然拥有锦衣玉食的好生活，又何必去发奋学习，苛刻自己？安逸往往生出懒散，这也是曾国藩坚持不给子女留财的原因。

一次曾国藩与左宗棠聊天，提到钱财，左宗棠认为人只有能吃苦，才是真本领。"收积银钱货物，固无益于子孙，即收积书籍字画，亦未必不为子孙之累。"他认为，对子孙无益甚至有害的不只是金银财物，就连书籍字画，也可能成为子孙的拖累。

曾国藩的观点与他相似。他说："所贵乎世家者，不在多置良田美宅，亦不在多蓄书籍字画，在乎能自树立子孙，多读书，无骄矜习气。"一个家庭最宝贵的永远不是银钱与田产，也不是藏书字画，而是优秀的子孙后代。

因此，曾国藩就算手握大权，也从不肯为子女敛财或是打通关系，他甚至不许他们有这样的期待。只有让他们"一无可恃"，才能保持奋发的精神和毅力。

他的钱，大多孝敬父母，救济族人，至于家人生活，能维持基本生活就好。

"盖儿子若贤，则不靠宦囊，亦能自觅衣饭；儿子若不肖，则多积一钱，渠将多造一孽，后来淫佚作恶，必且大玷家声。故立定此志，决不肯以做官发财，决不肯留银钱与后人。"

他绝不依靠做官来发财，更不会留给儿女过多钱财。他认为，如果儿子有能力，自然不需要这些钱也能过得很好，若子孙不肖，多留一分财，便多一分祸害。

曾国藩做得最彻底的，是在子女的婚嫁问题上。他的女儿出嫁，嫁妆不能超过200两白银。等到第四个女儿出嫁，曾家已经很兴盛，却依旧遵循这个标准。作为叔父的曾国荃听说后觉得实在寒酸，便自掏腰包补贴了400两。

咸丰十年（公元1860年），曾国藩寄回家200两银子，一分为二，分别作为长子曾纪泽和侄子的婚礼资金。

嫁女200两，娶妇只给100两操办婚事，在节俭问题上，曾国藩实在很严苛。

相比而言，在洋务运动中发家的盛宣怀，便给自己的儿子留下巨大的祸患。拥有众多工厂与矿产的盛家到民国初期已经成为首富，传说一年收入可达全国税收的三倍。

盛宣怀病逝后，独子盛恩颐继承家业，挥霍无度，到抗日战争结束时便将家产挥霍殆尽，最终穷困潦倒死于家祠中，而他的妹妹也因为沾染鸦片和极度贫穷，选择了自杀。

盛家一门，富不过两代便骤然衰败，可知钱财虽是身外之物，却能毁掉一个人的身体与精神，毁掉整个家庭。

无论何时，一个人做人、谋生、成事的能力，都比拥有多少金钱重要。钱没了，有能力的人还可以再挣，拥有了钱，却不懂事理的人，就像没有刹车装置却油箱满满的汽车，终究跑得车毁人亡，回天乏术。

父母最深的爱是放手

曾国藩的廉洁，既是为公，也是为家中后辈的成长考虑，希望他们发愤图强。

因此，他的养廉费和俸禄虽然越来越多，但都用于周济亲族，在给弟弟的信中，曾国藩三番五次解释自己不肯多寄钱财的原因。

"至于兄弟之际，吾亦惟爱之以德，不欲爱之以姑息。教之以勤俭，劝之以习劳守朴。"衣食精美，有求必应，是一种姑息之爱，只会让人懒惰骄横，未来全无大用。

平日少给钱，身后也不打算留钱，看似是对子女的苛求，实则却是为子女谋长久，计深远。

曾国藩对子女管教极严，却又相当开明，给了他们自由发挥的机会。

在当时的社会环境里，人人都希望子孙在官场中平步青云，曾国藩却认为，一个人只要身体健康，明白事理，能作诗写文，就算成功。

人不可能一生为官，却要一生为人，应试与出头，并不是读书的真正目的。因此曾国藩对自己的子女因材施教，并不强求他们考取功名。

咸丰六年（公元1856年），曾国藩给年仅9岁的次子曾纪鸿写信，温和教导，表达自己的想法和对孩子的期待。

"人多望子孙为大官，余不愿为大官，但愿为读书明理之君子。""凡富贵功名，皆有命定，半由人力，半由天事。惟学作圣贤，全由自己作主，不与天命相干涉。"

富贵功名，有时需要天时地利人和，有时不能强求。但认真读书，好好做人，却是自己能掌控的，也一定要认真做到。

　　对于长子曾纪泽，曾国藩认为他"天资聪颖，但过于玲珑剔透"，"语言太快，举止太轻"，需要"力行迟重"，即走路落脚重一些，说话慢一些，从日常小事养成持重的习惯。

　　可是，当曾纪泽三次科考失利，提出放弃这条道路时，曾国藩并没有责怪他没有恒心、不能踏实读书，反而写信鼓励曾纪泽按照自己的想法去做。

　　于是，曾纪泽在32岁时开始学习英文，研究西学，成为一名出色的外交官。他在1881年代表清政府在彼得堡与俄国签订《中俄伊犁条约》，收回伊犁，取得了清末外交史上唯一一次胜利。

　　次子曾纪鸿则选择研究自然科学，长大后他精通天文地理，最擅长数学，成功计算出圆周率后100位，还写下《对数详解》《圆率考真图解》等作品。

　　两个儿子没有一个继承曾国藩衣钵，却各自在感兴趣的领域做出傲人的成绩，这也得益于曾国藩用心的教育和开明的态度。

　　晚清时期仍是父命难违的年代，若曾国藩要求儿子读书做官，两个儿子很可能会在备考、考试、落榜中周而复始，受尽折磨。

　　曾国藩自认愚笨，却并不迂腐，他以身作则，严格监督，却又能适当地放手，做到了《触龙说赵太后》中所说的"父母之爱子，则为之计深远"。

　　战国时期，秦国趁赵国政权交替，派兵攻打赵国，赵太后向齐国求救，但齐国却要求赵太后用最疼爱的小儿子长安君做人质，赵太后不肯答应，大臣几番劝谏，太后扬言谁再提此事，她就要向来人吐口水。

　　随后左师触龙拜见太后，进行劝说，他提到公主远嫁后太后虽然想念公主，却不愿她回来，希望她能在燕国长久为后。

　　又指出，太后将长安君留在身边，给他很高的地位，好的封地、珍宝，却不同意他成为人质为国立功，如果太后不在了，长安君在赵国将没有立身之本，是"为之计短"。

　　听完这番分析，赵太后终于同意以长安君为人质，换取齐国的援兵。

　　太后之前的抗拒，的确是出于对儿子的宠爱，但从长远看来，这却并无益处。

父母真正为子女计深远，是希望他们成人成器，是纵然记挂不舍，也要学会放手。

为人父母，能给子女留下最好的东西，是教养和经验；父母对子女最深的爱，便是学会放手，让他们在良好的基础上自己成长，锻炼谋生的本领，以便在日后离家远行时、在父母离开后，也有能力好好生活，谋财亦谋生，让自己过得安稳顺遂，幸福快乐。

子女联姻，以品德为上

　　儿女联姻，但求勤俭孝友之家，不愿与宦家结契联姻，不使子弟长奢惰之习。

　　在为子女选择伴侣时，要以品德为主要参考，官宦人家的子弟大多奢侈怠惰，缺少勤俭孝友的美德，不适合长久为伴，相扶到老。

品德是一个人的"底色"

品德看不见摸不着，却又时刻体现在人们举止行为的细节中，既能看见，也能感受到。

杨绛曾说："一个人的品德，才是才干的主人；而才干，只是品德的奴仆。"

能力再大，如果缺少品德的约束，也不会做出真正有益于人、有益于己的事，到最后路会越走越窄，人生惨淡收场。

曾国藩对品德极为看重，他一生自律修德，教导弟弟子侄凡事要先守德，因此，在子女联姻问题上，他首先考虑的也是品德问题。

那个年代，门当户对依旧是重要的联姻标准，品位相近的官宦子女结为夫妻，家境相近，生活习惯相似，既能融洽相处，也可以巩固两家的地位。

可是，曾家与其他官宦人家不同。曾国藩力求节俭朴素，他的官位节节高升，子女却没有享受到官宦子弟的奢华生活。可以说，曾氏子女是那个年代官宦子弟中的"异类"。

曾国藩认为，"功名富贵，悉由命走，丝毫不能自主"，因此就算是盛极一时的官宦人家，也未必能够长久。如果只顾对方家世、资产，不考虑品德如何，最终受苦的还是自家子女。

"家败之道有四，曰：礼仪全废者败，兄弟欺诈者败，妇女淫乱者败，子弟傲慢者败。"而官宦人家最明显的特点，就是子弟多傲慢。

傲慢的人品德往往不会太好，就像沙漠里无法长出参天大树，因为傲慢、怠惰而贫瘠空虚的内心，也无法拥有高尚的品德。

阅历不足，可以通过读书和处世弥补；资历尚浅，可以努力学习奋进；绘画时一笔一笔叠涂，会让色彩逐渐丰满；品行不端的人，却像一块黑色的画布，原本美妙的颜色涂上去也会变了样子，涂得再多也只是装饰，并不能改变底色。

很多人说，人品是一个人最硬的底牌，是成败的关键。

不是所有努力的人，都能取得成功。没有品德作为保障，一个人的努力，也可能亲手将自己毁掉。这也正是曾国藩极为重视品德的根本原因。

有德者，授之以渔，乱世亦能谋生；无德者，即便珠玉满堂，盛世亦会沦丧。

为求良媒不怕选

如果说结交朋友要与人的优点相处，那么婚姻生活，就是与人的缺点相容。

在亲密生活中，谁都不可能一直保持着完美的一面，婚姻生活中显露给对方的，往往是彼此的缺点。也是在这时，一个人的品德才显得尤为重要。

咸丰六年（公元1856年），曾国藩尚在江西战场，有人为他13岁的三女儿曾纪琛说媒，男方是罗泽南的次子罗兆升。

此时罗兆升因父亲的功勋得了官职，曾国藩与罗泽南更是患难之交，这门亲事在很多人看来事在必成。

可是，曾国藩却觉得罗兆升身上有官宦之气，并不是特别满意，对于与罗家结亲之事，他希望能暂缓。

对于长子曾纪泽的婚事，曾国藩给父亲写信时也表示不能急，要认真挑选，乡里的耕读人家，京城的仁厚之家，无论出身如何，没有富家子弟的骄气才是最重要的。

咸丰八年（公元1858年），曾国藩第二次出山。

48岁的他感到自己年纪渐长，决定尽早将子女的婚事定下，得知长子曾纪泽续娶刘氏定在9月，他很高兴地给儿子写信，说："余老境侵寻，颇思将儿女婚嫁早早料理……吾即思明春办大女儿嫁事。"

作为当地名门，曾家子女不愁没有媒人登门，愁的是媒人太多。

湖南有一家常姓的显贵家族，连续几次都希望与曾家结为亲家，但曾国藩得知常公子骄奢跋扈，狐假虎威，就连常家的仆役也气焰嚣张，便毫不犹豫地回绝了这门亲事。

婚姻看似是两个人的事，背后却是两个家庭的相融。

曾国藩多年来费心教育子女勤俭刻苦，他不愿这位常公子将官场上的不良风气带到曾家，这样既会败坏家规，也会对后辈产生不好的影响。

能够跳出门第之见，以品德而非贫富、权势高低衡量人，正是因为曾国藩明白，家风良好、品德可靠才是最好的标准，为了找到这样的人，多花些时间挑选也不要紧，毕竟子女能得良媒才是最重要的事。

过而不改是最大的恶

《左传》言："人谁无过？过而能改，善莫大焉。"

人都是在错误和修正中不断成长的，有错误并不可怕，可怕的是过而不改，一犯再犯。

曾国藩一片苦心，在子女联姻时力求以德为上，却仍然没能为子女求得万全。

曾国藩不希望与官宦人家联姻，但因为曾家门楣盛大，子女最终还是与官宦子弟结亲。

不愿与官宦之家联姻，而愿与勤俭孝友之家结儿女亲，这是曾氏出于理论上的思考。事实上，曾氏二子五女所带来的八个亲家，清一色的都是官宦之人。

长子先娶总督之女，续娶巡抚之女，次子娶盐运使之女，长女、次女、五女嫁知府之子，三女嫁道员之子，四女嫁侍郎之子。

几个女婿除了五女婿聂氏之子，其他都让曾国藩不甚满意，但他多少还会顾及颜面，对他们稍加宽容。

大女儿的夫婿袁秉桢荒唐无度，被家族人蔑视。曾国藩得知后，写信交代儿子对待袁秉桢不要太过苛责，要给他留些颜面。

"人之所以稍顾体面者，冀人之敬重也；若人之傲惰鄙弃业已露出，则索性荡然无耻，拚弃不顾，甘与正人为仇，而以后不可救药矣。"

他希望女婿感受到他人的尊重，能自顾体面，努力自强，但袁秉桢并没有悔改之意，最终曾国藩与他断绝了关系。

在联姻上，以品德为上的曾国藩，在很多问题上非常开明，比如他认为表兄妹不适合联姻，因此他回绝了大舅子欧阳牧云希望亲上加亲的想法，因为"中表为婚，此俗礼之大失"。表兄妹结婚在当时虽然常见，但血缘关系太近，并不是好的选择。

另外，他还提出嫁女儿如丧礼一般哭号、吹奏送葬音乐也是俗礼。

即便如此，曾国藩还是不能保证每个子女都能婚姻幸福。

大女儿嫁的人学坏了，三女儿还是嫁给了罗兆升，但并不幸福。

罗泽南战死后，他的两个儿子被赐为举人，又加上是功臣之子，他们是当时人们眼中的绝佳女婿，但曾纪琛嫁入罗家后，唯一的儿子早夭，后来夫妻不和，罗兆升连纳二妾，更是中年早逝。

其实很多时候，父母能做的只是帮子女看清一个人是否可靠，生活需要自己过，婚姻也是。

纵然一个人品德过硬，坚持原则，也很可能在生活中、婚姻里犯错。当然，既然婚姻是与彼此的缺点相容，自然也应存在改正和原谅的机会。